普通高等教育通识课系列教材

U0277489

Python语言程序设计

（第二版）

主编 巩 政

副主编 卢 慧 刘咏梅 郝 莉

西安电子科技大学出版社

内 容 简 介

本书主要面向程序设计初学者,以培养读者的计算思维和信息素养为知识目标,以案例为驱动,突出展示计算机处理问题的方法,在教学内容中渗透计算思维思想。本书从程序设计的基本概念出发,通过大量程序实例,深入浅出地介绍了 Python 程序设计的基本概念和方法。全书主要内容包括 Python 语言概述、Python 语言基础、Python 程序设计结构、特征数据类型、函数与模块、文件和图形绘制。本书使用的是 Python 3.11.2 版本。另外,本书还通过对知识内容的梳理,挖掘其所蕴含的思政教育元素,并自然地融入相应案例中。附录 A 中给出了课程思政育人融入参考表,可供教师在教学时参考;附录 B 中根据每章要点设计了相关实验;附录 C 中给出了各章习题的参考答案。

本书简化了语法细节的介绍,以程序设计为导向,突出问题求解方法与思维能力训练,适合作为高校非计算机专业计算机程序设计基础教材,也可作为对 Python 感兴趣的读者的课外阅读资料。

图书在版编目(CIP)数据

Python 语言程序设计 / 巩政主编. --2 版. --西安:西安电子科技大学出版社,2023.8(2024.1 重印)

ISBN 978-7-5606-7006-5

Ⅰ.①P… Ⅱ.①巩… Ⅲ.①软件语言—程序设计 Ⅳ.①TP312

中国国家版本馆 CIP 数据核字(2023)第 153172 号

责任编辑　秦志峰

出版发行　西安电子科技大学出版社(西安市太白南路 2 号)

电　　话　(029)88202421　88201467　　邮　编　710071

网　　址　www.xduph.com　　　　　　电子邮箱　xdupfxb001@163.com

经　　销　新华书店

印刷单位　陕西天意印务有限责任公司

版　　次　2023 年 8 月第 2 版　2024 年 1 月第 2 次印刷

开　　本　787 毫米×1092 毫米　1/16　印　张　13.25

字　　数　310 千字

定　　价　34.00 元

ISBN 978-7-5606-7006-5 / TP

XDUP 7308002-2

如有印装问题可调换

前　言

随着社会信息化进程的不断推进，特别是数字经济、大数据和 AI 等信息技术的迅猛发展，计算机科学与技术已经渗透到社会的方方面面，并改变着人们的工作、学习、生活甚至思维方式。为程序设计类课程的初学者选择一种合适的高级程序设计语言，以此贯彻程序设计的基本思想和方法，培养其计算思维，从而为其在信息化时代从事专业活动打下理解需求、求解问题、程序实现等方面的扎实基础。Python 作为一种简单、易学、免费、开源的跨平台编程语言，支持命令式和函数式编程。它支持完全面向对象的程序设计。一方面，其简单的语法使得使用者不必太多关注语言本身，而将主要精力集中于业务逻辑。因此，Python 语言拥有各行各业的众多使用者，拥有各行业使用者贡献的各种强大的标准库、扩展库等。另一方面，随着大数据时代的到来，Python 强大的数据处理能力备受关注。近年来，Python 程序设计语言受到了企业界、科研单位和教育机构的广泛重视。

Python 简单易学，具有强大的数据处理能力，并且是一门通用的程序设计语言。因此，Python 程序设计语言既适合作为程序设计的入门语言，也适合作为非计算机专业学生用来解决数据分析等各种问题的通用工具。国外很多著名高校的计算机或非计算机专业已经将 Python 作为程序设计入门课程。国内的高校也纷纷开设相关课程。尤其是随着计算思维和大数据概念的普及，Python 程序设计在高校中的教学已全面展开。

本书主要针对的是高校非计算机专业学生，围绕怎样设计编写计算机程序解决实际问题，以培养学生计算思维为目标，通过大量程序实例深入浅出地介绍 Python 程序设计的基本概念与方法。本书以 Python 3.11.2 版本为工作环境，针对初学者的特点，在体系结构和内容编排上注重由简及繁、由浅入深、循序渐进以及理论语法介绍与实践编程案例紧密结合，知识育人与素质育人并重，力求概念准确、叙述流畅、通俗易懂，帮助读者结合实际理解问题，尽快达到独立编写程序、解决实际问题的目的。书中较多的实例及程序分析中涵盖了我国古代趣味数学问题求解、实际生活问题求解、专业学习问题求解等思路，融入了课程思政素质教育内容。

全书共 7 章，主要内容包括 Python 语言概述、Python 语言基础、Python 程序设计结构、特征数据类型、函数与模块、文件和图形绘制。另外，附录 A 给出了课程思政育人融入参考表，附录 B 根据每章要点设计了相关实验，附录 C 给出了各章习题参考答案。书中内容不拘泥于语法细节，而以程序设计应用为导向，突出问题求解方法与思维能力训练。书中的命令行语句和完整的实例均通过了 Python 3.11.2 版的测试运行。

本书由巩政担任主编，卢慧、刘咏梅、郝莉担任副主编，具体编写分工为：郝莉编写第 1 章，巩政编写第 2 章和第 3 章，卢慧编写第 4 章和第 5 章，刘咏梅编写第 6 章和第 7 章，全书由巩政统稿。

　　限于编者水平，书中可能还有不足之处，敬请读者批评指正。

编　者

2023 年 5 月

目　录

第 1 章　Python 语言概述

Python 语言的创始人为吉多·范罗苏姆(Guido van Rossum)。Python 语言的语法简洁而清晰，并且具有丰富和强大的类库。Python 常被称为"胶水"语言，它能够很轻松地把用其他语言编写的各种模块(尤其是 C/C++)联结在一起。

Python 语言简介

1.1　Python 语言简介

Python(英国发音为/'paɪθən/，美国发音为/'paɪθɑ∶n/)语言是一种面向对象、解释型的计算机程序设计语言。其语法简洁，容易学习，同时它具有强大的功能，能满足大多数应用领域的开发需求。从学习程序设计的角度，选择 Python 作为入门语言是比较合适的。

1989 年圣诞节期间，荷兰国家数学与计算机科学研究所(CWI)的研究员吉多·范罗苏姆为其研究小组的 Amoeba 分布式操作系统执行管理任务，需要一种新的高级脚本解释编程语言。为创建新语言，吉多·范罗苏姆从高级数学语言 ABC(All Basic Code)中汲取了大量语法，他认为 ABC 这种语言非常优美和强大，是专门为非专业程序员设计的。但是 ABC 语言并不成功，究其原因，吉多·范罗苏姆认为是因为它没有开放造成的。吉多·范罗苏姆决心在 Python 中避免这一缺点。同时，他还想实现在 ABC 语言中闪现过但未曾实现的内容。就这样，Python 在吉多·范罗苏姆手中诞生了。可以说，Python 是从 ABC 语言发展起来的，主要受到了 Modula-3(另一种相当优美且强大的语言，是为小型团体所设计的)的影响，并且结合了 UNIX Shell 和 C 的习惯。之所以选中 Python(大蟒蛇的意思)作为程序的名字，是因为吉多·范罗苏姆是一个名为《Monty Python 的飞行马戏团》喜剧电视片的爱好者。

Python 2.0 于 2000 年 10 月发布，增加了许多新的语言特性。同时，其整个开发过程更加透明，社区开发进度的影响逐渐扩大。后来又发布了 Pythons 2.6 和 Python 2.7 版本。2008 年 12 月发布了 Python 3.0，此版本不完全兼容之前的 Python 版本，导致用早期 Python 版本设计的程序无法在 Python 3.0 上运行。

目前，Python 已经成为最受欢迎的程序设计语言之一。2011 年 1 月，Python 被 TIOBE 编程语言排行榜评为 2010 年度语言。自 2004 年以后，Python 的使用率呈线性增长。由于 Python 语言的简洁性、易读性及可扩展性，在国外用 Python 做科学计算的研究机构日益增多，一些知名大学已经采用 Python 来教授程序设计课程，如卡耐基梅隆大学的编程基础、麻省理工学院的计算机科学及编程导论就使用 Python 语言讲授。众多开源的科学计算软件包都提供了 Python 的调用接口，如著名的计算机视觉库 OpenCV(Open Computer Vision)、三维可视化库 VTK(Visualization ToolKit)、医学图像处理库 ITK(Insight Segmentation and Registration ToolKit)。而 Python 专用的科学计算扩展库就更多了，如经典的科学计算扩展库 NumPy、SciPy 和 Matplotlib，它们分别为 Python 提供了快速数组处理、数值运算及绘图功能。Python 语言及其众多的扩展库所构成的开发环境十分适合工程技术及科研人员处理实验数据、制作图表甚至开发科学计算应用程序。

1.2　Python 语言的特点

Python 是一种跨平台、开源、免费的解释型高级动态编程语言，通过一些工具可以进行伪编译，还可以将 Python 源程序转换为可执行程序。Python 支持命令方式编译、函数式编译和面向对象编程，并且可以作为把多种不同语言编写的程序无缝衔接在一起的"胶水"语言，发挥不同语言和工具的优势。Python 的语法简洁明了，保证了程序的可读性，其模块化的语言极易扩展，还有强大的社区力量支持，拥有大量的实用扩展库，安装和接入简单，大大提升了开发效率。总结起来，Python 有以下几个特点。

1. 可扩展

Python 在设计之初就考虑到对于编程语言可扩展性的需求。作为一门解释型语言，文本文件等同于可执行的代码，创建一个 py 文件并写入代码，这个文件就可以作为新的功能模块来使用。另外，Python 支持 C 语言扩展，也可以嵌入由 C 或 C++语言开发的项目中，使程序具有脚本语言灵活的特性。

2. 语法精简

Python 语言中涉及的关键字很少，不需要使用分号，也废弃了大括号、begin 和 end 等标记，代码块使用空格或制表符来分割，支持使用循环和条件语句进行数据结构的初始化。这些语言设计使得 Python 程序短小精悍，并且有很高的可读性。

3. 跨平台

Python 通过 Python 解释器来解释运行，而无论是 Windows 还是 Linux，其系统中都已经有非常完善的 Python 解释器，并且可以保证 Python 程序在各个平台下的一致性。也就是说，在 Windows 系统中运行的程序，在 Linux 系统中仍然可以实现同样的功能。

4. 动态性

Python 具有一定的动态性，与 JS(Java Script)、Perl 等语言类似，变量不需要明确声明，直接赋值就可以使用。在 Python 中，动态创建的变量的类型与第一次赋的值的类型相同。

5．面向对象

Python 语言具有很强的面向对象特性。面向对象编程，相比面向结构编程而言，大大降低了实际问题建模的复杂度。一方面，面向对象使程序设计与现实生活逻辑更加接近；另一方面，面向对象程序可以让各个组件的分界更为明确，降低了程序的维护难度。面向对象程序设计抽象出类和对象的属性与行为，将它们组织在一定作用域内，使用封装、继承、多态等方法来简化问题和明确设计。Python 在一定程度上简化了面向对象的具体实现，取消了保护类型、抽象类、接口等元素，将更多的控制权交给了程序员。

6．丰富的数据结构

Python 内置的数据结构丰富而强大，包括元组、列表、字典、集合等。内置数据结构简化了程序设计，缩短了代码长度，并且符号简明易懂，方便使用和维护。

7．健壮性

Python 提供了异常处理机制、堆栈跟踪机制和垃圾回收机制。异常处理机制可以捕获程序的异常并报错；堆栈跟踪机制能够找出程序出错的位置和原因；垃圾回收机制可以有效管理申请的内存区域，及时释放不需要的空间。

8．强大的社区支持

Python 语言因其出色的品质，受到专业与业余编程人士的广泛推崇。许多爱好者和第三方组织也在积极地为 Python 提供实用库。目前，Python 语言正在 Web 开发、网络、图形图像、数学计算等领域大放异彩，是许多领域新手入门和项目开发的绝佳工具。

1.3　Python 语言的开发环境

Python 程序的运行，需要相应开发环境的支持。Python 内置的命令解释器(称为 Python shell，shell 有操作的接口或外壳之意)提供了 Python 的开发环境，能方便地进行交互式操作，即输入一行语句，就可以立刻执行该语句，并看到执行结果。此外，还可以利用第三方的 Python 集成开发环境(IDE)进行 Python 程序开发。

1.3.1　Python 系统的下载与安装

要使用 Python 语言进行程序开发，必须安装其开发环境，即 Python 解释器。在安装前，先要从 Python 官网下载 Python 系统文件，下载地址为 https://www.python.org。截至 2023 年 3 月，其最新版本是 Python 3.11.2。Python 解释器官网界面如图 1-1 所示。单击界面上 Download 中的 Python 3.11.2，在图 1-2 所示的界面中选择基于 Windows 操作系统的 Python 版本进行下载。

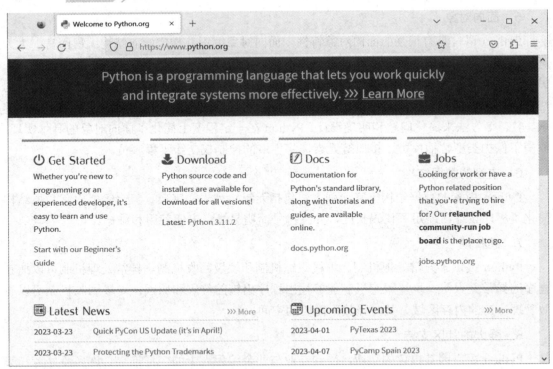

图 1-1　Python 解释器官网界面

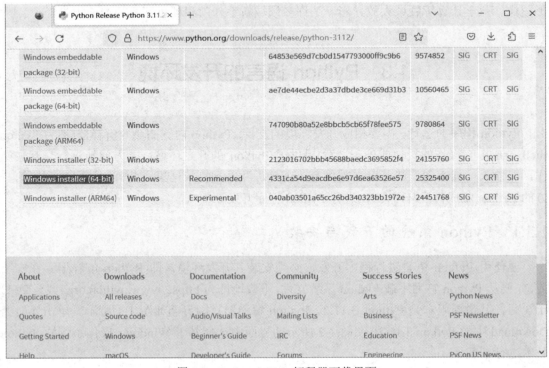

图 1-2　Python 3.11.2 解释器下载界面

下载完成后，运行系统文件 Python 3.11.2.exe，进入 Python 系统安装界面，如图 1-3 所示。

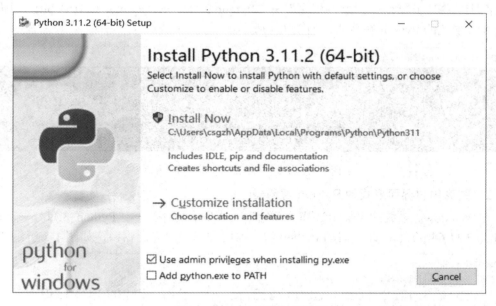

图 1-3　Python 系统安装界面

如选中"Add python.exe to PATH"复选框，可将程序 python.exe 加入默认路径 PATH 中。单击"Install Now"选项，进入系统安装过程，安装完成后单击"Close"按钮即可。如果要设置安装路径和其他特性，可以选择"Customize installation"选项。

1.3.2　系统环境变量的设置

Python 的默认安装路径包含 Python 的启动文件 python.exe、Python 库文件和其他文件。为了能在 Windows 命令提示符窗口自动寻找安装路径下的文件，需要在安装完成后将 Python 安装文件夹添加到环境变量 Path 中。

如果在安装时选中了"Add python.exe to PATH"复选框，则会自动将安装路径添加到环境变量 Path 中，否则可以在安装完成后添加，其方法为(以 Windows 7 为例)：在 Windows 桌面右击"计算机"图标，在弹出的快捷菜单中选择"属性"命令，然后在打开的对话框中选择"高级系统设置"选项，在打开的"系统属性"对话框中选择"高级"选项卡，单击"环境变量…"按钮，打开"环境变量"对话框，在"系统变量"区域选择"Path"选项，单击"编辑…"按钮，将安装路径添加到 Path 中，最后单击"确定"按钮逐级返回。

1.3.3　Python 程序的运行

在 Python 系统安装完成后，启动 Python 解释器(Python Shell)。它有命令行(Command Line)和图形用户界面(Graphical User Interface)两种操作界面。在不同的操作界面下，Python 语句既可以采用交互式的命令执行方式，又可以采用程序执行方式。

1. 命令行形式的 Python 解释器

在 Windows 系统下启动命令行形式的 Python 3.11.2 解释器的方法为：在 Windows 系统的桌面上选择"开始"→"所有程序"→"Python 3.11"→"Python 3.11(64-bit)"，即可启动命令行形式的 Python 解释器，如图 1-4 所示。

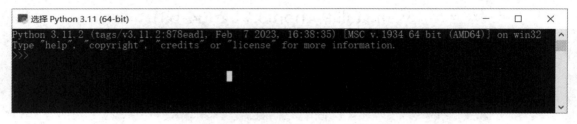

图 1-4　命令行形式的 Python 解释器

2. 图形用户界面形式的 Python 解释器

在 Windows 系统的桌面上选择"开始"→"所有程序"→"Python 3.11"→"IDLE (Python 3.11 64-bit)"，即可启动 Python 解释器的图形用户界面窗口，如图 1-5 所示。

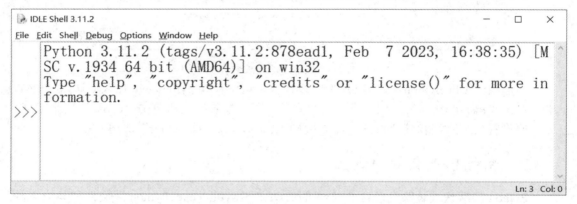

图 1-5　在 Python 解释器图形界面提示符下运行 Python 程序

图形用户界面形式的 Python 解释器集程序、编辑、解释执行于一体，是一个集成开发环境，可以提高程序设计的效率。

在 Python 解释器图形用户界面窗口，选择"File"→"Exit"命令，或者按 Ctrl+Q 快捷键，或单击 Python 解释器图形用户界面窗口的"关闭"按钮，均可退出 Python 解释器图形用户界面窗口程序。

3. Python 的命令执行方式

启动 Python 解释器后，可以直接在其提示符(>>>)后输入语句。例如，先在提示符 >>> 后输入以下输出语句，按回车键，下一行将接着输出结果。

       >>>print("Hello, world!")

       Hello, world!

此语句让 Python 系统在屏幕上显示"Hello，world！"。

实际上，Python 解释器用起来有点像计算器，利用输出语句可以输出一个表达式的值。例如，在提示符 >>> 后输入下列语句将得到结果 1.75。

>>> Print (1+3/4)

1.75

4．Python 的程序执行方式

Python 的命令执行方式又称交互式执行方式，此方式对执行单行语句来说是合适的。但是，如果要执行多行语句，就比较麻烦。通常的做法是将语句写成程序，再把程序存放到一个文件中，然后再批量执行程序文件中的全部语句，这称为程序执行方式。

1) 在 Python 程序编辑窗口执行 Python 程序

在 Python 解释器图形用户界面窗口，选择"File"→"New File"命令，或按 Ctrl+N 快捷键，打开 Python 程序编辑窗口，如图 1-6 所示。

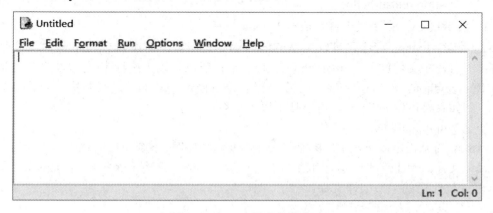

图 1-6　Python 程序编辑窗口

在 Python 程序编辑窗口输入程序的全部语句，例如输入语句：

print("Hello, world!")

语句输入完成后，在 Python 程序编辑窗口选择"File"→"Save"命令，确定文件的保存位置和文件名，如 E:\mypython\hello.py。

在 Python 程序编辑窗口选择"Run"→"Run Module"命令，或按 F5 键，运行程序并在 Python 解释器图形用户界面窗口中输出运行结果。

2) 在 Python 解释器提示符下运行 Python 程序

利用 Python 程序编辑窗口或其他编辑程序(如 Windows 记事本)建立一个 Python 源程序文件后，可以在 Python 解释器(命令行或图形用户界面)的提示符下执行 import 语句来导入程序文件。import 语句的作用是将 Python 程序文件从磁盘加载到内存，在加载的同时执行程序。例如，运行 hello.py，可以使用下面的语句：

>>>import hello

注意：模块文件名不加扩展名 .py，因为系统自动假设模块具有 .py 扩展名。

使用 import 语句时，需要注意以下两点：

(1) 如果将程序文件保存在 Python 的安装文件夹下，则使用 import 语句时可以搜索到相应程序文件并执行它，但一般将系统文件和用户文件分开存放，以便于管理。如果在 import 语句中直接使用文件名，就会找不到指定文件。此时，可以修改系统环境变量 PythonPath，为 Python 系统添加默认文件搜索路径。假定程序文件存放在 E:\mypython，则

使用 PythonPath 环境变量，在这个环境变量中输入路径 E:\mypython。如果 PythonPath 变量不存在，可以创建它。设定 PythonPath 环境变量后，就可以在 import 语句中直接使用程序文件名来运行该程序。

(2) 在 Python 中，每一个以 .py 结尾的 Python 文件都是一个模块，可以通过导入一个模块来读取该模块的内容。从本质上来讲，导入就是载入一个文件，并能够读取该文件的内容。模块导入是一种运行 Python 程序的方法。但是对于一个文件，import 语句只能在第一次导入时运行文件，如果要再次运行该文件，就需要调用 imp 标准库模块中的 reload 函数。imp 标准库模块需要导入才能使用。例如，如果要再次运行 hello.py，可以使用以下语句：

```
>>> import imp
>>>imp.reload(hello)
```

3) 在 Windows 命令提示符下运行 Python 程序

要想运行 Python 程序，可以在 Windows 命令提示符下切换到 Python 程序文件所在文件夹，因为程序文件位于 E:\mypython 文件夹下，所以可以先选择 E 盘并设置其当前文件夹为 E:\mypython，然后在 Windows 命令提示符下输入 Python，后跟要执行的程序文件名即可。例如，要运行 hello.py，可以使用以下命令：

```
Python hello.py
```

Python 的源程序以 .py 为扩展名。当运行 .py 源程序时，系统会自动生成一个对应的 .pyc 字节编译文件，用于跨平台运行和提高运行速度。另外，还有一种扩展名为 .pyo 的文件，是 Python 优化后的字节编译文件。

1.4 常用的 Python 第三方编辑器

1. 记事本

Python 的源程序与其他高级语言的一样，是纯文本文件，可以用操作系统自带的记事本打开和编辑(见图 1-7)。

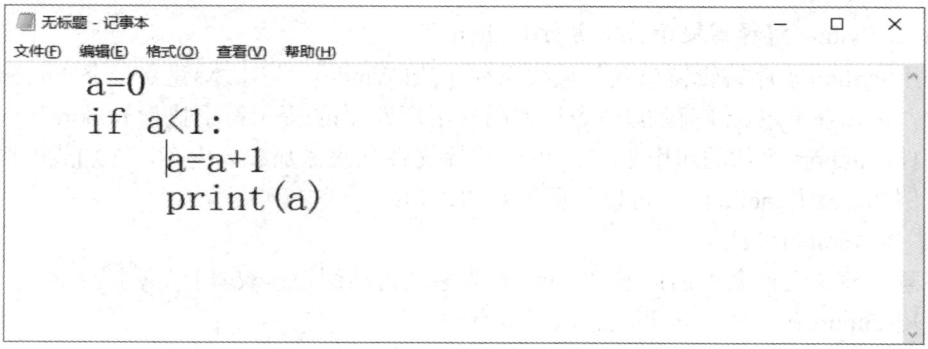

图 1-7 用记事本编写 Python 程序

值得注意的是，记事本默认保存为 ANSI 编码的 .txt 文件，可使用"另存为"菜单命令，在弹出的另存为对话框中选择保存类型为"所有文件(*.*)"，并手工添加文件扩展名 .py。

在 3.x 版的 Python 程序中，若包含中文等非英文字符，也可直接选择 UTF-8 编码方式保存。

如果以 ANSI 编码的 Python 程序中含有中文等非英文字符，在打开时会出现一个编码选择对话框，让用户确认以何种编码方式读取。其中，cp936 是操作系统默认的中文简体扩展字符集编码(即 GBK)。为避免在运行程序前弹出该对话框，可在程序最前面添加编码注释"#coding:GBK"。若使用 UTF-8 编码方式，则需在程序最前面添加编码注释"#coding:UTF-8"。

2. PyCharm

PyCharm 是一款非常好用的跨平台的 Python IDE，使用 Java 语言开发，有收费版本和社区免费版本。用户可以到 http://www.jetbrains.com/pycharm/download/ 下载其社区(Community)免费版本。

首先，PyCharm 具有一般 IDE 具备的功能，如调试、语法高亮显示、Project 管理、代码跳转、智能提示、自动完成、单元测试和版本控制等。此外，PyCharm 还提供了一些很好的用于 Django 开发的功能；同时，它还支持 Google App Engine 和 IronPython。

下载 PyCharm 的安装包并安装，选择设置主题等操作后程序会自动重启并打开 PyCharm 程序。PyCharm 的主界面如图 1-8 所示。

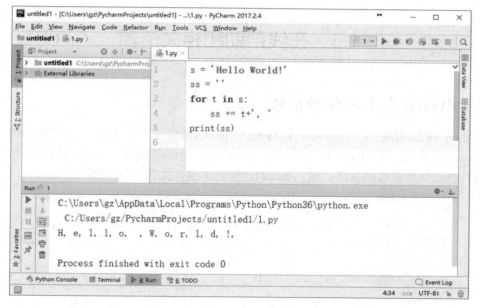

图 1-8　PyCharm 的主界面

选择"File"→"New"→"Python File"选项即可新建文件，并在其中编写代码。编写完成后选择"Run"→"Run"选项或按 Alt + Shift + F10 快捷键即可运行代码。

3. Eclipse

Eclipse 是用 Java 语言开发的一个集成开发环境，而且是一个开源项目。Eclipse 具有很好的扩展性，不但其原生程序可以作为 Java 的 IDE，还有大量插件来支持其他语言的开发。在 Eclipse 平台上安装 PyDev 插件就可以进行 Python 的开发工作了。

Eclipse 的功能非常强大，实现了 Python 代码的语法加亮、提示和补全等智能化的功能。图 1-9 所示为使用 Eclipse 加 PyDev 插件搭建的 Python 开发环境。

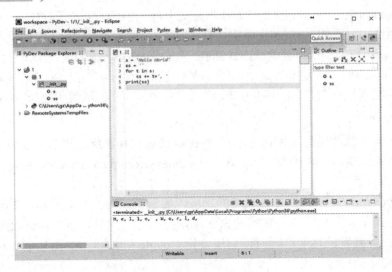

图 1-9　Eclipse 主界面

1.5　在线帮助和相关资源

1.5.1　Python 交互式帮助系统

Python 可以实现交互式帮助。直接输入 help()函数可以进入交互式帮助系统。输入 help(object)可获取关于 object 对象的帮助信息。以下是使用 Python 交互式帮助系统示例。

(1) 进入交互式帮助系统。输入 help()，按回车键，如图 1-10 所示。

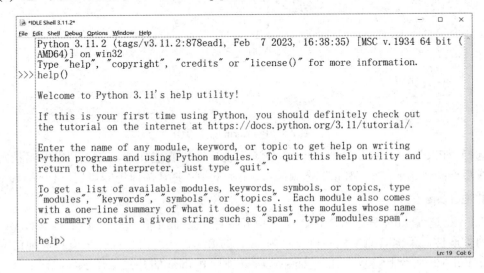

图 1-10　Python 帮助系统界面

(2) 显示所有安装的模块。输入 modules，按回车键，如图 1-11 所示。

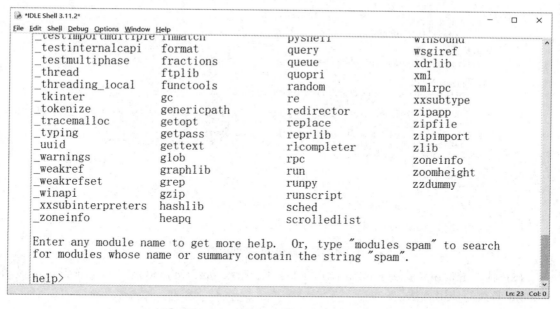

图 1-11　系统安装的 Python 模块

(3) 显示与 random 相关的模块。输入 modules random，按回车键，如图 1-12 所示。

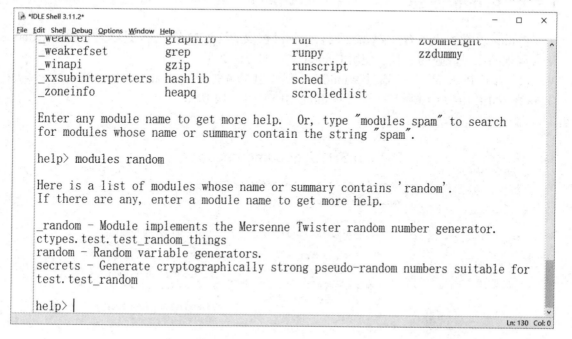

图 1-12　与 random 相关的模块

(4) 显示模块 random 的帮助信息。输入 random，按回车键，如图 1-13 所示。

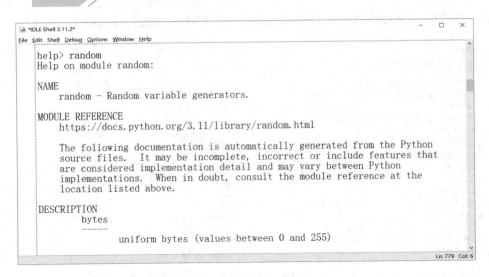

图 1-13　random 帮助信息

(5) 显示 random 模块 random 函数的信息。输入 random.random，按回车键，可显示 random 函数的使用方法。

(6) 退出帮助系统。输入 quit，按回车键，返回 Python 解释器状态。

1.5.2　Python 文档

Python 文档提供了有关 Python 语言及标准模块的详细参考信息，是学习和使用 Python 语言编程的不可或缺的工具。使用 Python 文档的方法如下：

(1) 打开 Python 文档。通过 Windows 菜单，找到并打开 Python 3.11 Manuals Docs 程序 (也可在 IDLE 中按 F1 键)。打开的 Python 文档如图 1-14 所示。

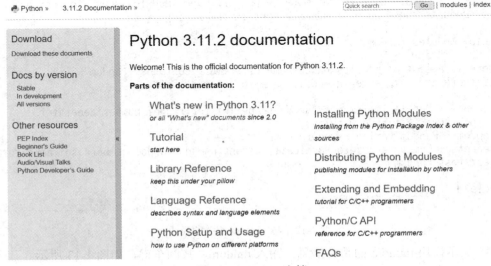

图 1-14　Python 文档

（2）查找有关 random 的帮助信息。在如图 1-14 所示右上角的搜索栏中输入 random，按回车键。

通过 Python 官网 https://www.python.org/可以下载各种版本的 Python 程序和帮助文档。

习题 1

一、单选题

1. Python 语言属于(　　)。
   A. 机器语言　　　　　　　B. 汇编语言
   C. 高级语言　　　　　　　D. 以上都不是
2. 下列选项中，不属于 Python 特点的是(　　)。
   A. 面向对象　　　　　　　B. 运行效率高
   C. 可移植性　　　　　　　D. 免费和开源
3. Python 程序文件的扩展名是(　　)。
   A. .p　　　　　　　　　　B. .python
   C. .pyt　　　　　　　　　D. .py
4. Python 内置的集成开发工具是(　　)。
   A. Python Win　　　　　　B. Pydev
   C. IDE　　　　　　　　　D. IDLE
5. Python 解释器的提示符为(　　)。
   A. >　　　　　　　　　　B. >>
   C. >>>　　　　　　　　　D. #

二、填空题

1. Python 语言是一种解释型、面向＿＿＿＿的计算机程序设计语言。
2. 用户编写的 Python 程序(避免使用依赖于系统的特性)，无须修改就可以在任何支持 Python 的平台上运行，这是 Python 的＿＿＿＿特性。
3. 要关闭图形运行界面形式的 Python 解释器，可使用＿＿＿＿命令或快捷键＿＿＿＿。
4. 在 Python 内置集成开发环境 IDLE 中，可使用快捷键＿＿＿＿，运行当前打开的源代码程序。
5. Python 注释以符号＿＿＿＿开始，到行尾结束。
6. 在 Python 解释器中，使用函数＿＿＿＿，可以进入帮助系统；输入命令＿＿＿＿，按回车键后，可退出帮助系统。

三、思考题

1. 简述 Python 语言的主要特点。
2. 简述 Python 语言的应用范围。
3. 简述 Python 2 和 Python 3 的主要区别。

4. 什么是 Python 解释器？如何使用 Python 解释器交互式测试 Python 代码？

5. Python 解释器环境中的特殊变量 "_" 表示什么含义？

6. 什么是 Python 源代码程序？如何运行 Python 源代码程序？

7. 如何使用文本编辑器和命令行编写和执行 Python 源文件程序？

8. 如何使用 Python 内置集成开发环境 IDLE 编写和运行 Python 源文件程序？

9. 如何使用 Python 交互式帮助系统获取相关资源？

10. 如何使用 Python 文档获取 Python 语言及标准模块的详细参考信息？

第 2 章　Python 语言基础

Python 程序由模块(即后缀名为 .py 的源文件)组成。模块包含语句，语句是 Python 程序的基本构成元素。语句通常包含表达式，而表达式由操作数和运算符构成，用于创建和处理对象。Python 语言可以定义函数和类。本章简要介绍 Python 语言的基础知识。

2.1　Python 程序概述

例 2.1　已知直角三角形的 2 条直角边，求该三角形的周长。假设三角形 3 条边为 a、b、c，其中 a、b 为直角边，l 为周长。

程序如下：

```
import math
a=3.0
b=4.0
c=math.sqrt(a*a+b*b)
l=a+b+c
print(l)
```

Python 程序可以分解为模块、语句、表达式和对象。从概念上来看，其对应关系如下：

(1) Python 程序由模块组成，模块对应于后缀名为 .py 的源文件，一个 Python 程序由一个或多个模块构成。例 2.1 程序由模块 2-1.py 和内置模块 math 组成。

(2) 模块由语句组成。模块即 Python 源文件。运行 Python 程序时，按模块中的语句顺序，依次执行其中的语句。例 2.1 程序中，import math 为导入模块语句；print(l)为调用函数表达式语句；其余的为赋值语句。

(3) 语句是 Python 程序的过程构造块，用于创建对象、给变量赋值、调用函数、控制分支和创建循环等。语句包含表达式。例 2.1 程序中，语句 import math 用于导入 math 模块，并依次执行其中的语句；语句 a=3.0 中，字面量表达式 3.0 创建一个值为 3.0 的 float 型对象，并绑定到变量 a；语句 b=4.0 中，字面量表达式 4.0 创建一个值为 4.0 的 float 型对象，并绑定到变量 b；语句 l=a+b+c 中，算术表达式 a + b + c 运算结果为一个新的 float 型对象，并绑定到变量 l；语句 print(l)中，调用内置函数 print()，输出对象 l 的值。

(4) 表达式用于创建和处理对象，例 2.1 程序中，语句 c=math.sqrt(a*a+b*b)中表达式 a*a+b*b 的运算结果为一个新的 float 对象，math.sqrt 调用模块 math 中的 sqrt( )函数，计算参数对象的平方根。

注：在计算机科学中，字面量(Literal)是用于表达源代码中一个固定值的表示法 (Notation)。几乎所有计算机编程语言都具有对基本值的字面量表示，如整数、浮点数以及字符串；而很多计算机编程语言对布尔类型和字符类型的值也支持字面量表示；还有一些计算机编程语言甚至对枚举类型的元素以及像数组、记录和对象等复合类型的值也支持字面量表示。

2.2 Python 语言编码规范

编码规范是使用 Python 语言编程时一般遵循的命名习惯、缩进习惯等。良好的编码规范可增强代码的可读性，可使代码的修改和维护更方便。

2.2.1 标识符命名规则

命名规则指的是对不同类型的标识符使用不同格式以进行区分。命名规则并不是硬性的规定，只是一种习惯用法。不同程序员之间可能有着不同的命名规则。下面介绍几个常见的规则。

Python 语言基础(一)

(1) 变量名、包名、模块名通常采用小写字母开头，而当其由多个单词构成时，一般采用小写字母开始的驼峰表示法，如 universityStudent；也有人习惯采用以下画线来分隔的全小写形式，如 student_data_list。Python 中没有真正的常量，程序员一般使用全大写、下画线分隔的变量名来提醒自己"这是一个常量"，如 MAX_CONNECTION_COUNT。

(2) 类名首字母采用大写字母，多个单词使用驼峰表示法，如 StudentInfo。对象(实例)的命名方法遵循一般变量的命名规则。

(3) 函数名一般采用小写字母，可以使用下画线分隔各个单词，如 async_connect，也可以使用驼峰表示法，如 asyncConnect。

(4) 最重要的命名规则是，选取的名称应该能够清楚地说明该变量、函数、类、模块等所包含的意义，如 radius、connectToDatabase、EmployeeInfo 等，而不要采用简单的字母排列来表示，如 a、b、x、y、x 等。

统一命名规则有很多好处，如便于统一代码的风格，理解不同程序员编写的代码，增强代码的可读性。但规则并不是绝对的，统一规则、采用含义明确的名称才是制定规则的原因。

2.2.2 代码缩进

Python 的作者有意地设计了限制性很强的语法，使得不好的编程习惯(如 if 语句的下一行不向右缩进)都不能通过编译。其中很重要的一项就是 Python 的缩进规则。

Python 和其他大多数语言的区别是，一个模块的界限完全由每行的首字符在这一行的位置来决定。通过强制缩进(包括 if、for 和函数定义等所有需要使用模块的地方)来使 Python 程序更加清晰和美观。

Python 对代码缩进要求非常严格，这是因为 Python 中的缩进代表程序块的作用域，如果程序中采用了错误的代码缩进，程序将给出一系列 IndentationError。

代码缩进有两种方式，一种是采用制表符(Tab 键)，另一种是采用若干个空格。

例 2.2　程序代码缩进的两种方式。

程序如下：

```
a=0
if a<1:
        a=a+1
        print(a)
```

程序运行结果为：

```
1
```

代码的第三行和第四行属于同一代码块，在 if 条件被满足的时候执行。需要注意的是，即使在一些计算机中制表符的宽度和 4 个空格(或 8 个空格)相等，也绝对不可混用制表符和空格符，否则一样会出现无法识别的错误。因此，这种用强制缩进来区分语句关系的方式也使很多初学者感到困惑。

2.2.3　使用空行分隔代码

函数或语句块之间可以使用空行来分隔，以分开两段不同功能或含义的代码，增强代码的可读性。例如，下面定义了三个函数，用一个空行将它们隔开。

程序如下：

```
def funA():
        print("funA")


def funB():
        print("funB")


def funC():
        print("funC")
```

2.2.4　语句的分隔

在 Python 中，语句行从解释器提示符后的第一列开始，前面不能有任何空格，否则会产生语法错误。每个语句行以回车符结束。Python 也支持分号作为一行语句的结束标志，但 Python 并不推荐使用分号。但是，如果在一行中要书写多条语句，就必须使用分号进行分隔。例如：

```
x=1; y=2; z=3
```

Python 同样支持在多行中书写一条语句，此时需要将反斜杠(\)添加到行末。当语句特别长而不易阅读时，可以将语句拆分为多行。例如：

```
print("C1 center: %s radius: %s"% \
      (c1. getCenterPosition(), cl.getRadius()))
```

2.2.5 注释

注释对程序的执行没有任何影响，目的是对程序进行解释说明，以增强程序的可读性。此外，在程序调试阶段，当暂时不执行某些语句时，可以给这些语句加注释符号，相当于对这些语句进行逻辑删除，需要执行时，再去掉注释符号即可。

程序中的单行注释采用#开头，注释可以从任意位置开始，可以在语句行末尾，也可以独立成行。对于多行注释，一般推荐使用多个#开头的多行注释，也可采用三引号(实际上是用三引号括起来的一个多行字符串，起到注释的作用)。注意，注释行是不能使用反斜杠续行的。

在 Python 程序编辑窗口，首先选中语句块，然后选择"Format"→"Comment Out Region"命令，或按 Alt+3 快捷键，可以进行语句块的批量注释。如果要解除注释，则选择"Format"→"UncommentRegion"命令，或按 Alt+4 快捷键。

例 2.3　使用三引号进行注释。

程序如下：

```
def Sum1(x,y):
    '''本函数用于计算 x、y 的和
    函数名称：Sum1，参数：x,y
    '''
    s=x+y
    print(s)
```

2.3　Python 的基本数据类型

在 Python 中，数据类型是区分数据的种类和存储方式的标识符。计算机可以处理各种各样的数据，不同的数据需要定义不同的数据类型来存储。数据类型决定了如何将代表这些数据值的位存储到计算机的内存中。例如，整数"25"和字符串 "Python" 会在计算机内存中用不同的方式来存储。

Python 的基本数据类型包括整型、浮点型、复数、字符串、布尔值和空值等。

Python 语言
基础(二)

1. 整型

Python 可以处理任意大小的整数，包括负整数。十进制整数的表示方式与数学上的写法相同，如 10、−255、0、2018 等。此外，Python 还支持十六进制、八进制和二进制整数。

十六进制整数需要用 0x(数字 0 加字母 x 或 X)作为前缀，用 0～9 和 a～f 作为基本的 16 个数字，如 0xffff、0x45da2 等。

八进制整数需要用 0o(数字 0 加字母 o 或 O)作为前缀，用 0～7 作为基本的 8 个数字，如 0o11、0O376 等。

二进制整数需要用 0b(数字 0 加字母 b 或 B)作为前缀，用 0 和 1 作为基本数字，如 0b1010、0b101 等。

例 2.4　Python 中几种不同进制下整数的使用方法。

程序如下：

```
print(2018)
print(0xffff)
print(0o376)
print(0b101101)
```

程序运行结果为：

```
2018
65535
254
45
```

实际上，Python 中的整数可以分为普通整数和长整数。其精度至少为 32 位，长整数具有无限的精度范围。当所创建的整数大小超过普通整数取值范围时将自动创建为长整数，也可以通过对数字添加后缀"L"或"1"来手动创建一个长整数。

2. 浮点型

在 Python 中，浮点型用来表示实数，在绝大多数情况下用于表示小数。浮点数可以使用普通的数学写法，如 1.234、−3.4159、12.0 等。

对于特别大或特别小的浮点数，可以使用科学记数法(指数形式)表示。如 1.23e11 和 3.2e−12，可表示 1.23×10^{11} 和 3.2×10^{-12} 两个数字。在指数形式中，使用字母 e 或 E 来表示 10 的幂，e 之前为数字部分，之后为指数部分，且两部分必须同时出现，指数必须为整数。Python 的浮点数受 17 位有效数字限制，遇到无限小数时会出现精度损失的问题。

3. 复数

除整数和浮点数外，Python 也提供了复数作为其内置类型之一，使用 1j 表示−1 的平方根。复数数据类型的格式为 a+bj。其中：a 是实部；b 是虚部；j 代表虚数单位，如 3+2j、7−2j 等。复数对象有两个属性 real 和 imag，用于查看实部和虚部。

程序如下：

```
>>>(3+4j)*(3-4j)
(25+0j)
>>>(3-4j).real
3.0
>>> (3-4j).imag
-4.0
```

4. 字符串

字符串是使用单引号、双引号或三引号括起来的任意文本，如'Hello World'、"Python"、"'abc'"等。注意，引号本身不是字符串的一部分，只说明了字符串的范围。例如，字符串'ab'只包含 a 和 b 两个字符，使用"或""可以表示空字符串。

一个字符串使用哪种引号开头，就必须以哪种引号结束。例如，字符串 "I'm"包含了 I、'、m 三个字符。字符串结束用的是双引号而非单引号。

由以上的说明可知，字符串 'He's good' 是不合法的，因为字符串将在第二个单引号处结束，后边的字符部分和第三个单引号就成为非法部分。这个问题有两种解决方法：第一种方法是将外部的单引号换成双引号，将字符串变为 "He's good"，但当字符串中包含了这两种引号时，这种方法就无效了；第二种方法是使用转义字符"\\"来标识引号。在某些字符前加上转义字符可使其有特别的含义。在本例中，可在引号前加上反斜杠来输出引号。因此，上述字符串可以被写作 'He\\'s good'。同样，\\"用在字符串中可输出一个双引号。

除了对引号进行转义之外，转义字符还用来表示一些特殊的字符。例如，\\n 表示换行符，即一行的结束。Python 中常用的转义字符如表 2-1 所示。

表 2-1　Python 中常用的转义字符

转义字符	名　称	ASCII 码
\\b	退格符	8
\\t	制表符	9
\\n	换行符	10
\\f	换页符	12
\\r	回车符	13
\\\\	反斜杠	92
\\'	单引号	39
\\"	双引号	34

如果字符串中有许多字符需要转义，就需要加很多反斜杠，这会降低字符串的可读性。Python 可以使用 r 加在引号前表示内部的字符默认不转义。例如，字符串 r"a\\tb"中的\\t 将不再转义，其表示反斜杠字符和 t 字符。

另外，Python 还提供了一种特殊的符号——三引号("')。三引号可以接收多行内容，也可以直接打印出字符串中无歧义的引号。

例 2.5　Python 中字符串及转义字符的使用方式。

程序如下：

```
print('Hello World')
print("Python")
print("He's good")
print('He\'s good')
print("a\tb\nc\td")
```

```
print("a\tb")
print('''abc
def ''')
```

程序运行结果为：

Hello World

Python

He's good

He's good

a　　b

c　　d

a　　b

abc

def

5. 布尔值

布尔值即真(True)或假(False)。在 Python 中，可以直接使用 True 或 False 表示布尔值。当把其他类型转换成布尔值后，值为 0 的数字(包括整型 0、浮点型 0.0 等)、空字符串、空值(None)、空集合被认为是 False，其他值均被认为是 True。下面的例子比较左右两个值是否相等。

程序如下：

```
>>>1==1.0
True
>>>123=='123'
False
```

6. 空值

空值是 Python 中一个特殊的值，用 None 来表示。

2.4　常量和变量

在问题求解过程中，用符号化的方式来记录现实世界中的客观事实，这种符号化的表示称为数据(Data)。数据有不同的表现形式，也有不同的类型。在高级语言中，基本的数据形式有常量和变量。

计算机所处理的数据存放在内存单元中，机器语言或汇编语言通过内存单元的地址来访问内存单元，而在高级语言中，不需直接通过内存单元的地址，只需给内存单元名字，以后通过内存单元的名字来访问内存单元。已命名的内存单元就是常量或变量。对于常量，在程序运行期间，其内存单元中存放的数据始终保持不变。对于变量，在程序运行期间，其内存单元中存放的数据可以根据需要随时改变。

2.4.1 常量

在程序运行过程中，其值不能改变的数据对象称为常量(constant)。常量按其值的表示形式来区分类型。例如，0、435、78 是整型常量，−5.8、3.14159、1.0 是实型常量(也称为浮点型常量)，"410083"、"Python" 是字符串常量。

2.4.2 变量

为了更好地理解变量(Variable)的概念，有必要讨论一下程序和数据在内存中的存储问题。将程序装入内存时，程序中的变量(数据)和语句(指令)都要占用内存空间。计算机如何找到指令？执行的指令又如何找到它要处理的数据？这得从内存地址说起。内存是以字节为单位的一片连续存储空间，为了便于访问，计算机系统给了每个字节单元一个唯一的编号，编号从 0 开始，第一字节单元编号为 0，以后各单元按顺序连续编号，这些编号称为内存单元的地址。利用地址来使用具体的内存单元，就像用房间编号来管理一栋大楼的各个房间一样，地址的具体编号方式与计算机结构有关，如同大楼房间编号方式与大楼结构和管理方式有关一样。

在高级语言中，变量可以看成一个特定的内存存储区，该存储区由一定数目字节的内存单元组成，并可以通过变量的名字来访问。在汇编语言和机器语言中，程序员需要知道内存地址，通过地址对内存直接进行操作，但内存地址不好记忆，且管理内存复杂易错。而在高级语言中，程序员不用直接对内存进行操作，不需考虑具体的存储单元地址，只需直观地通过变量名来访问内存单元。让内存单元拥有容易记忆的名字，使用起来就简单方便，这正是高级语言的优点所在。

高级语言中的变量具有变量名、变量值和变量地址三个属性。变量名是内存单元的名称，变量值是变量所对应内存单元的内容，变量地址是变量所对应内存单元的地址。对变量的操作，等同于对变量所对应内存单元的操作。

变量在其存在期间，在内存中占据一定的存储单元，以存放变量的值。变量的内存地址在程序编译时得以确定，不同类型的变量被分配到不同大小的内存单元中，对应不同的内存地址，具体由编译系统来完成。对于程序员而言，变量所对应存储单元的物理地址并不重要，只需要使用变量名来访问相应存储单元即可。

一般而言，变量需要先定义、后使用，变量的数据类型决定了变量占用多少个字节的内存单元。这种在使用变量之前定义其数据类型的语言称为静态类型语言，Python 语言则是一种动态类型语言，它确定变量的数据类型是在给变量赋值的时候，而对变量的每一次赋值，都可能改变变量的类型。因此，在 Python 中使用变量时不用先定义数据类型，而可直接使用。

需要注意的是，Python 语言对变量管理采用的是基于值的内存管理方式，不同的值分配不同的内存空间。当给变量赋值时，Python 解释器为该值分配一个内存空间，变量则指向这个空间，当变量的值被改变时，改变的并不是该内存空间的内容，而是改变了变量的指向关系，使变量指向另一个内存空间。这可理解为，Python 变量并不是固定内存单元的标识，而是对内存中存储的某个数据的引用(Reference)，这个引用是可以动态改变的。例如，执行下面的赋值语句后，Python 在内存中创建数据 12，并使变量 x 指向这个整型数据，因此可以说变量 x 现在是整型数据。

程序如下：

```
>>>x=12
>>>print(x)
12
```

如果进一步执行下面的赋值语句，则 Python 又在内存中创建数据 3.14，并使变量 x 改为指向这个浮点型(实型)数据，因此变量 x 的数据类型现在变成了浮点型。

程序如下：

```
>>>x=3.14
>>>print(x)
3.14
```

Python 具有自动内存管理功能，对于没有任何变量指向的值(称为垃圾数据)，Python 系统自动将其删除。例如，当 x 从指向 12 转而指向 3.14 后，数据 12 就变成了没有被变量引用的垃圾数据，Python 会回收垃圾数据的内存单元，以便提供给别的数据使用，这称为垃圾回收(garbage collection)。也可以使用 del 语句删除一些对象引用，例如：

```
>>>del x
```

删除 x 变量后，如果再使用它，将出现变量未定义错误(name x is not defined)。

Python 的 id()函数可以返回对象的内存地址，例如：

程序如下：

```
>>> a=2.0
>>> b=2.0
>>> id(a)
1927213487016
>>> id(b)
1927213488696
>>> a=2
>>> b=2
>>> id(a)
1526489344
>>> id(b)
1526489344
>>>
```

Python 解释器会为每个出现的对象分配内存单元，即使它们的值相等，也会这样。例如，执行 a=2.0，b=2.0 这两个语句后，会先后为 2.0 这个 float 类型对象分配不同的内存单元，然后将 a 与 b 分别指向这两个对象。所以 a 与 b 指向的不是同一个对象。但是为了提高内存利用效率，对于一些简单的对象，如一些数值较小的整型(int)对象，Python 则采取重用对象内存的办法。例如，执行 a=2，b=2 后，由于 2 作为简单的 int 类型且数值较小，

Python 不会两次为其分配内存单元，而是只分配一次，然后将 a 与 b 同时指向已分配的对象。如果赋的值不是 2，而是较大的数值，情况就跟前面的一样，会分配不同的内存单元了。

例如：

```
>>> a=22222
>>> b=22222
>>> id(a)
1927223479344
>>> id(b)
1927223479376
>>>
```

1. 变量的命名

变量用来存储程序中的各种数据，对应着计算机内存中的一块区域。变量通过唯一的标识符来标识，通过各种运算符来对变量中存储的值进行操作。标识符可用来标识变量的名称。在 Python 中，命名标识符需要遵循以下规则：

(1) 标识符可以由字母、数字以及下画线组成。

(2) 标识符的第一个字符可以是字母或下画线，但不能以数字开头。

(3) 标识符不能与 Python 的关键字重名。

(4) 标识符是区分大小写的。例如，xyz 和 Xyz 指的不是同一个变量。

例如，abc、name、_myvar 等都是合法的标识符，而下列例子均不符合标识符的命名规则，因此都不是合法的标识符。

1abc：标识符不能以数字开头。

xy#z：标识符中不能有特殊字符#。

Li Hua：标识符中不能有空格。

if：标识符不能与关键字重名。

所谓关键字(keyword)，就是 Python 语言中事先定义的、具有特定含义的标识符，也称保留字。关键字不允许另作他用，否则执行时会出现语法错误。

可以在使用 import 语句导入 keyword 模块后，使用 print(keyword.kwlist)语句查看所有 Python 关键字。语句如下：

```
>>> import keyword
>>>print(keyword.kwlist)
```

Python 的保留字如下：

['False', 'None', 'True', 'and', 'as', 'assert', 'break', 'class', 'continue', 'def', 'del', 'elif', 'else', 'except', 'finally', 'for', 'from', 'global', 'if', 'import', 'in', 'is', 'lambda', 'nonlocal', 'not', 'or', 'pass', 'raise', 'return', 'try', 'while', 'with', 'yield']

2. 变量的创建

Python 是一种动态类型语言，因此变量不需要显式地声明其数据类型。在 Python 中，所有的数据都被抽象为"对象"，变量通过赋值语句来指向对象，变量赋值的过程就是将变量与对象关联起来的过程。当变量被重新赋值时，不是修改对象的值，而是创建一个新的对象并用变量与它关联起来。因此，Python 中的变量可以被反复赋值成不同的数据类型。Python 中的变量不需要声明，变量会在第一次赋值时被创建。

在 Python 中使用等号(=)表示赋值，如 a=1 表示将整数 1 赋给变量 a。

例 2.6　Python 中变量赋值的方法示例。

程序如下：

```
a=1
print(a)
b= a
print(b)
a='ABC'
print(a)
print(b)
```

程序运行结果为：

```
1
1
ABC
1
```

在上面的例子中，在执行第 1 行代码时，程序首先创建变量 a，在内存中创建值为 1 的整型对象并将 a 指向这一区域。在执行第 3 行代码时，程序将创建变量 b 并指向变量 a 所指向的内存区域。在执行第 5 行代码时，程序将在内存中创建字符串 'ABC' 并将变量 a 重新指向这一区域。

在程序中，还有一些一旦被初始化之后就不能被改变的量，它们被称为常量。Python 并没有提供常量的关键字，人们一般使用全部大写的变量名来表示常量。例如：

```
PI=3.1415926535898
```

实际上这种表示常量的方式只是一种约定俗成的用法，PI 仍是一个变量，Python 仍然允许其值被修改。

2.5　运　算　符

在 Python 程序中，运算符是对操作数进行运算的某些符号。例如，在表达式“1+2”中，“+”是运算符，1 和 2 是其操作数。Python 中的运算符可以按照其功能划分为算术运算符、关系运算符、逻辑运算符、位运算符、身份运算符和成员运算符等。运算符还可以按操作数的个数分为单目运算符和双目运算符。

2.5.1　算术运算符

算术运算符用于对操作数进行各种算术运算。Python 中的算术运算符如表 2-2 所示。

表 2-2 算术运算符

运算符	描　述	实　例
+	加法运算符或正号	1+2 结果为 3，+1 结果为 1
-	减法运算符或负号	5-2 结果为 3
*	乘法运算符	2*10 结果为 20
/	除法运算符	20/4 结果为 5
**	求幂运算符	2**3 结果为 8
//	取整运算符	5//2 结果为 2
%	求模运算符(取余)	7%2 结果为 1

注意：在 Python 2.x 中，除法运算符(/)返回值的类型与精度较高的操作数相同。例如，5/2 的结果为 2，而 5.0/2 的结果为 2.5，而在 Python 3.x 中，除法运算符(/)永远返回一个浮点数，因此 5/2 的结果将为 2.5。

2.5.2　关系运算符

关系运算符又称比较运算符，其作用是比较两个操作数，并返回一个布尔值。

关系运算符的两个操作数可以是数字或字符串。当操作数是字符串时，会将字符串自左向右逐个字符比较其编码值，直到出现不同的字符或字符串时才结束。例如：

"comuter">"compare"

Python 中的关系运算符如表 2-3 所示。

表 2-3 关系运算符

运算符	描　述	实　例
==	等于	1 == 1 返回 True，"a"=="A" 返回 False
<	小于	2<8 返回 True，"abc">"abd" 返回 False
>	大于	8>2 返回 True，"abc">"ad" 返回 False
<=	小于等于	2<=3 返回 True
>=	大于等于	7>=7 返回 True
!=	不等于	"a"!="A" 返回 True

2.5.3　逻辑运算符

逻辑运算符用来对布尔值进行与、或、非等逻辑运算。其中，布尔"非"是单目运算符，布尔"与"和布尔"或"为双目运算符。逻辑运算符的操作数都应该是布尔值，如果是其他类型的值，则将转换为布尔值再进行运算。Python 中的逻辑运算符如表 2-4 所示。

表 2-4　逻 辑 运 算 符

运算符	描　述	实　　例
and	布尔"与"	True and True 返回 True True and False 返回 False False and True 返回 False False and False 返回 False
or	布尔"或"	True or True 返回 True True or False 返回 True False or True 返回 True False or False 返回 False
not	布尔"非"	not True 返回 False not False 返回 True

2.6　表　达　式

表达式由运算符和参与运算的数(操作数)组成。操作数可以是数字、字符串、变量等，也可以是函数的返回值。

按照运算符的种类，表达式可以分成算数表达式、关系表达式、逻辑表达式、测试表达式等。

多种运算符混合运算形成复合表达式，按照运算符的优先级和结合性依次进行运算。当存在圆括号时，运算次序会发生变化。

很多运算中对操作数的类型有要求，例如，加法(+)要求两个操作数类型一致，当操作数类型不一致时，可能发生隐式类型转换。例如：

```
>>> x,y=1,1.5
>>> a=x+y          #整型和浮点型混合运算，整型隐式转换为浮点型
>>> a              #结果为浮点型
```

运行结果：

```
2.5
```

差别较大的数据类型之间可能不会进行隐式类型转换，而需要进行显式类型转换。例如：

```
>>>'3'+1          #类型错误
>>> int('3')+1
```

运行结果：

```
4
>>>'3' +str(1)
```

运行结果：

31

常见运算符的优先级按照从低到高的顺序排列(同一行优先级相同)，总结如下：

逻辑或 or

逻辑与 and

逻辑非 not

赋值和复合赋值 =、+=、-=、*=、/=、//=、%=、**=

关系 >、>=、<、<=、==、!=

加减 +、-

乘除 *、/、//、%

单目 +，单目 -

幂 **

索引[ ]

表达式结果类型由操作数和运算符共同决定。

(1) 关系、逻辑和测试运算的结果一定是逻辑值。

(2) 字符串进行连接(+)和重复(*)的结果还是字符串。

(3) 两个整型操作数进行算术运算的结果大多还是整型的，浮点除法(/)的结果是浮点型的。幂运算的结果可能是整型的，也可能是浮点型的。例如：

>>>5**(-2)

运行结果：

0.04

(4) 浮点型操作数进行算术运算的结果还是浮点型的。

2.7 赋 值 语 句

1. 赋值运算符

将一个值赋给一个变量的语句被称为赋值语句。在 Python 中使用等号(=)作为赋值运算符。一般而言，赋值语句的语法格式如下：

变量=表达式

赋值运算符右边的表达式可以是一个数字或字符串，也可以是一个已被定义的变量或一个复杂的式子。下面是简单的赋值语句示例。

```
x=1                    #变量 x 赋值为整数 1
y=2.3                  #变量 y 赋值为浮点数 2.3
z=(1+2)*3              #变量 z 赋值为表达式的返回值
t=x+1                  #变量 t 赋值为变量 x 与 1 的和
```

需要引起注意的是，一个变量可以在赋值运算符两边同时使用。例如：

x＝2*x+1

在数学中，这看起来更像一个方程。但在 Python 中，这是一个合法的赋值语句，它表示将原有 x 的值乘 2 加 1 后重新赋值给 x，但在这条语句之前必须已经定义了变量 x。

Python 中的赋值并不是直接将一个值赋给一个变量，而是通过引用传递的方式，在赋值时，不管这个对象是新创建的还是已经存在的，都是将该对象的引用(并不是值)赋值给变量，赋值语句是没有返回值的。例如，表达式 "(x=10)+20" 是错误的。

2. 复合赋值语句

在程序设计中，经常遇到在变量已有值的基础上做某种修正的运算，如 x=x+0.5。这类运算的特点是：变量既是运算对象，又是赋值对象。为避免对同一存储对象的地址重复计算，Python 还提供了 12 种复合赋值运算符：

　　　　+=、-=、*=、/=、//=、%=、**=、<<=、>>=、&=、|=、^=

其中，前 7 种是常用的复合赋值算术运算符，后 5 种是关于位运算的复合赋值运算符。例如：

　　　　x+=5.0

　　　　x*=u+y

分别等价于 "x=x+5.0" 和 "x=x*(u+y)"。

3. 多变量赋值

在 Python 中，赋值语句有很多变化形式，利用这些形式的赋值语句可以给多个变量赋值。

(1) 链式赋值。

链式赋值语句的一般形式为：

　　　　变量 1=变量 2=…=变量 n=表达式

等价于：

　　　　变量 n=表达式

　　　　…

　　　　变量 1=变量 2

链式赋值用于为多个变量赋同一个值。例如：

　　　　x=y=z=1

由于这条语句中的赋值运算符是从右向左结合的，这等价于以下 3 条语句：

　　　　z=1

　　　　y=z

　　　　x=y

(2) 同步赋值。

同步赋值语句的一般形式为：

　　　　变量 1,变量 2,…,变量 n=表达式 1, 表达式 2,…,表达式 n

其中，赋值号左边变量的个数与右边表达式的个数要一致。同步赋值首先计算右边 n 个表达式的值，然后将每个表达式的值赋给左边对应的 n 个变量。例如：

　　　　a,b,c=10,20,30

等价于：

　　　　a=10

```
b=20
c=30
```

下面这种情况：

```
>>> x,x=2,8
>>> x
```

其运算结果为：

```
8
```

另外一种情况：

```
>>> x=2
>>> x,y=10,x
>>> x
```

其运算结果为：

```
10
>>> y
```

运算结果为：

```
2
```

注意：同步赋值有先后顺序，但不是传统意义上的单一赋值语句的先后顺序。

对于大多数计算机高级语言，要交换 a、b 两个变量的值，一般需要一个中间变量，执行 3 条语句：

```
>>> t=a
>>> a=b
>>> b=t
```

如果使用 Python 的同步赋值，则以下这条语句就可以完成：

```
>>> a,b=b,a
```

2.8 常用模块与函数

Python 标准库提供了许多模块与函数供编程人员使用。学习和使用这些函数对我们更好地使用 Python 进行程序设计有很大帮助。

2.8.1 常用内置函数

内置函数(也称内建函数)指的是不需要导入任何模块即可直接使用的函数，函数就是程序中一段封装起来的具有特定功能的代码。有关函数的具体内容，可参见第 5 章 "函数与模块"。

Python 语言
基础(三)

函数通过函数名和参数列表进行调用，通过返回值向外部返回结果。例如，调用最大值函数 max 的代码如下：

```
max_num=max(2,3)
```

　　Python 提供了极其丰富的内置函数，可以进行类型转换、常用数学运算等功能。本节将对其中经常使用的内置函数进行说明。本书也会在后续章节中陆续介绍其他内置函数。

　　如果想要了解完整的内置函数列表，可以查看官方文档，或执行如下 Python 语句：

```
print(dir(_builtins_))
```

1．类型转换函数

　　Python 提供的类型转换函数用于在各种数据类型之间互相转换。

　　(1) bin(i)：将整数转换为二进制字符串，以 0b 开头。例如，执行 bin(12)将返回字符串'0b1100'。

　　(2) bool([x])：将一个值转换为布尔值。如果 x 为空值(None)、空字符串、0 或省略，则返回 False，否则均返回 True。例如，执行 bool('Hello World')将返回 True，而执行 bool()将返回 False。

　　(3) chr(i)：将一个 ASCII 码整数转换为对应的单字符字符串。参数 i 应该是闭区间[0,255]内的整数，否则将出现 ValueError 的错误。例如，执行 chr(97)将返回字符串'a'。

　　(4) float([x])：将字符串或者数字转换为浮点数。例如，执行 float(3)将返回 3.0，而执行 float('3.14')将返回浮点数 3.14。如果省略参数，则返回 0.0。

　　(5) hex(x)：将整数转换为十六进制字符串，以'0x'开头。例如，执行 hex(255)将返回字符串 '0xff'。

　　(6) int([x[,base]])：将数字或字符串转换为一个十进制整数。如果 x 是浮点型，则转换为整数时将从 0 截断。例如，执行 int(3.14)将返回 3。

　　如果 x 为字符串(或 Unicode 对象)，则允许使用参数 base 来表示该串整数的基数。例如，当 base=8 时，第一个字符串参数将被解释为八进制整数。以 n 为基数的字符串可以包括数字 0～n−1，并可以用字母 a～z(或 A～Z)来表示数字 10～35。例如，执行 int('13',7)将返回整数 10，执行 int('ak',30)将返回整数 320。

　　base 的默认值为 10，即如果直接执行 int('123')将返回整数 123。

　　(7) oct(x)：将一个整数转换为一个八进制字符串，以 '0o' 开头。例如，执行 oct(20)将返回字符串 '0o24'。

　　(8) ord(c)：将一个单字符字符串(或 Unicode 对象)转换为一个整数,此函数可看作 chr()的逆运算。例如，执行 ord('a')将返回整数 97。

　　(9) str([object])：将一个对象转换为一个可打印的字符串。如果参数被省略，则返回空字符串。例如，执行 str(3.14)将返回字符串 '3.14'。

2．数学运算函数

　　Python 提供了一些内置函数来进行简单的数学运算。

　　(1) abs(x)：返回一个数的绝对值。参数 x 可以是一个整数、长整数或浮点数。如果参数 x 是复数，则返回它的模。例如，执行 abs(−12.3)将返回浮点数 12.3，执行 abs(3+4j)将返回浮点数 5.0。

　　(2) max(arg1,arg2,*args)：返回多个(两个及以上)参数中的最大值。例如，执行 max(3,2,5,1)将返回整数 5。

　　(3) min(argl, arg2,*args)：返回多个(两个及以上)参数中的最小值。例如，执行 min(2,6,1)

将返回整数 1。

(4) pow(x,y)：返回 x 的 y 次幂，相当于 x**y。例如，执行 pow(2,3)将返回整数 8.0。

(5) round(number[,ndigits])：返回一个浮点数的近似值(四舍五入)，保留小数点后 ndigits 位，如果省略 ndigits，则其默认为零。例如，执行 round(3.14159,2)将返回 3.14，执行 round(3.7) 将返回 4。

3. eval 函数

eval 函数的作用是接收并运行一个字符串表达式，返回表达式的结果值。

其语法格式为：

eval(expression)

参数说明：expression 是一个字符串表达式，可为算式，也可为 input 函数等。

使用方法：

(1) 用于简单的计算。例如，eval("2+3")，运行结果为 5。

(2) 与其他函数结合使用，比如结合 input 函数使用。例如，m = eval(input(" "))，可以 将用 input 函数输入的字符串转换为对应的数据类型。

2.8.2 常用模块及函数

Python 使用模块将代码封装起来。除了 Python 的内置函数之外，Python 标准库所提供 的函数均被封装在各个模块中，有关模块的相关内容，请参阅本书第 5 章"函数与模块"。

要调用模块中的函数，需要在代码顶部使用 import 语句导入该模块，并且在调用时使 用类似"模块名.函数名(参数)"的格式进行调用，以 math 模块中的 pow 函数为例，在代码 顶部需要添加以下语句：

import math

调用 pow 函数时可使用类似下面的语句：

result=math.pow(3,3)

另外还有一种导入模块的方法，语法格式如下：

from 模块名 import 函数名

该语句从指定模块中导入指定函数的定义，这样调用模块中的函数时，不需要在前面 加上"模块名"。例如：

>>> from math import sqrt

>>> sqrt(5)

如果要导入模块中的所有函数定义，则函数名用"*"。其语法格式如下：

from 模块名 import *

这样调用指定模块中的任意函数时，都不需要在前面加"模块名"。使用这种方法固 然省事方便，但当多个模块有同名的函数时，会引起混乱。

本节将介绍 Python 中 math 模块和 random 模块中的部分函数，要查看 Python 标准库 提供的模块和函数，可查阅相关官方文档。

1. math 模块

math 模块为 Python 提供了许多数学函数。math 模块的部分函数如表 2-5 所示。

表 2-5　math 模块的部分函数

函数原型	描　述	实　例
math.fabs(x)	以浮点数返回 x 的绝对值	math.fabs(-2)返回 2.0
math.ceil(x)	返回 x 向上取整的结果	math.ceil(3.3)返回 4
math.floor(x)	返回 x 向下取整的结果	math.floor(3.9)返回 3
math.exp(x)	返回 e^x 的值	math.exp(2)返回 7.389 056 098 9
math.log(x[,base])	返回以 base 为底 x 的对数，即 $\log_{base}x$；省略参数 base 将返回 x 的自然对数，即 ln x	math.log(math.e)返回 1.0 math.log(100,10)返回 2.0
math.log10(x)	返回 x 的常用对数(以 10 为底)，即 lg x	math.log10(100)返回 2.0
math.pow(x,y)	返回 x^y 的结果	math.pow(3,2)返回 9.0
math.sin(x)	返回 x 的正弦值，x 以弧度表示	math.sin(math.pi/2)返回 1.0
math.cos(x)	返回 x 的余弦值，x 以弧度表示	math.cos(math.pi)返回-1.0
math.tan(x)	返回 x 的正切值，x 以弧度表示	math.tan(math.pi/4)返回 1.0
math.asin(x)	返回 x 的反正弦值，x 以弧度表示	math.asin(1.0)返回 1.570 796
math.acos(x)	返回 x 的反余弦值，x 以弧度表示	math.acos(1.0)返回 0.0
math.atan(x)	返回 x 的反正切值，x 以弧度表示	math.atan(1.0)返回 0.785 398 163 3

此外，math 模块还定义了数学常量 π 和 e，可以使用 math.pi 和 math.e 来访问它们。

可以使用 math 库中的数学函数来解决许多数学问题。例如，由数学知识可知，若已知三角形的 3 条边，可以计算出三角形 3 个角的大小。

例 2.7　使用 Python 的 math 模块来计算三角形 3 个角的大小。

程序如下：

```
import math
x1,y1,x2,y2,x3,y3=1,1,6.5,1,6.5,2.5
#计算 3 条边长
a=math.sqrt((x2-x3)*(x2-x3)+(y2-y3)*(y2-y3))
b=math.sqrt((x1-x3)*(x1-x3)+(y1-y3)*(y1-y3))
c=math.sqrt((x1-x2)*(x1-x2)+(y1-y2)*(y1-y2))
#利用余弦定理计算 3 个角的角度
A=math.degrees(math.acos((a*a-b*b-c*c)/(-2*b*c)))
B=math.degrees(math.acos((b*b-a*a-c*c)/(-2*a*c)))
C=math.degrees(math.acos((c*c-a*a-b*b)/(-2*a*b)))
#输出 3 个角的角度
print (" The three angles are",round(A, 2), round(B, 2), round(C, 2))
```

程序运行结果为：

The three angles are 15.26 90.0 74.74

这段程序在第 2 行定义了三角形 3 个点的坐标，第 4～6 行用于计算 3 条边的长度，第 8～10 行利用余弦定理计算 3 个角的大小，第 12 行用于输出结果。math.degrees()函数可以将弧度转换为角度。

2. random 模块

在编写程序时，有时候需要程序提供一些随机的行为。大多数编程语言提供了生成伪随机数的函数，在 Python 中，这类函数被封装在 random 模块中。random 模块的部分函数如表 2-6 所示。

表 2-6　random 模块的部分函数

函数原型	描　　述
random.random()	在[0.0,1.0)区间内随机返回一个浮点数
random.uniform(a,b)	在[a,b]区间内随机返回一个浮点数
random.randint(m,n)	在[m,n]区间内随机返回一个整数

2.9　标准输入/输出

输入/输出是程序中非常重要的一部分，程序通过输入/输出来与用户进行交互。一个 Python 程序可以从键盘读取数据，也可以从文件读取数据。而程序的结果可以输出到屏幕上，也可以保存到文件中便于以后使用，标准输入/输出是指通过键盘和屏幕进行输入/输出，即控制台输入/输出。

2.9.1　标准输入

Python 提供了内置函数 input() 来接收用户的控制台输入，其调用格式为：

　　input([提示字符串])

其中，中括号中的"提示字符串"是可选项，如果有"提示字符串"，则原样显示，提示用户输入数据。input() 函数从标准输入设备(键盘)读取一行数据，并返回一个字符串(去掉结尾的换行符)。例如：

　　>>>name=input("请输入你的姓名：")

　　请输入你的姓名：小明

input() 函数把输入的内容当成字符串，如果要输入数值数据，可以使用类型转换函数将字符串转换为数值。例如：

　　>>>x=input()

　　12

　　>>> x

　　'12'

　　>>> x=int(input())

　　12

　　>>> x

　　12

本来 x 接收的是字符串"12"，通过 int()函数可以将字符串转换为整型数据。

使用 input()函数可以给多个变量赋值。例如：

```
>>> x,y=eval(input())
3,4
>>> x
3
>>> y
4
>>> x+y
7
```

语句执行时从键盘输入"3,4"，input()函数返回一个字符串"3,4"，经过 eval()函数处理，变成由 3 和 4 组成的元组。看下面语句的执行结果：

```
>>>eval('3,4')
(3,4)
```

所以，语句"x,y=eval(input())"等价于"x,y=3,4"或"x,y=(3,4)"，看下面语句的执行结果：

```
>>>eval('3,4')
(3, 4)
>>>x,y=3,4
>>> x
3
>>> y
4
>>> x,y=(3,4)
>>> x
3
>>> y
4
```

2.9.2　标准输出

前面已使用过 print()函数进行输出。最简单的 print 函数格式如下：

　　print(表达式)

执行此语句将在控制台上输出表达式的值并自动换行。

当使用一条 print 函数显示多个表达式的值时，需要将多个表达式用逗号隔开，格式如下：

　　print([输出项 1,输出项 2,…,输出项 n)][,sep=分隔符][,end=结束符])

其中，输出项之间以逗号分隔，没有输出项时输出一个空行；sep 表示输出时各输出项之间的分隔符(默认是空格)；end 表示结束符(默认以回车换行结束)。print()函数从左至右计算每一个输出项的值，并将各输出项的值依次显示在屏幕的同一行上。例如：

```
>>> print(10,20)
10 20
>>>print(10,20,sep=',')
10,20
>>> print(10,20, sep=',',end='*')
10,20*
```

第 3 条 print()函数调用时，以"*"作为结束符，不换行。在程序中运行下列语句，会看得更清楚：

```
print(10,20, sep=',',end='*')
print(30)
```

输出结果为：

```
10,20*30
```

2.9.3　格式化输出

在很多应用中都要求将数据按一定格式输出。例如：

```
>>>7.80
7.8
```

末尾的 0 没有输出，在很多情况下没有太大问题，但有时就必须输出。例如在财务系统中，输出金额数据时有习惯的格式。如果表示七元八角不应显示成 7.8，而应显示为 7.80，甚至在前面还要加货币符号，即￥7.80。为了解决这个问题，可以采用 Python 的格式化输出。其基本做法是：将输出项格式化，然后利用 print()函数输出。其具体实现方法有三种。

(1) 利用字符串格式化运算符%。

(2) 利用 format()内置函数。

(3) 利用字符串的 format()方法。

例如：

```
>>> print ('这个商品的价格是￥%.2f'%7.8)
这个商品的价格是￥7.80
>>> print(format(7.8,'.2f'))
7.80
>>>print('这个商品的价格是￥{0:.2f}'.format(7.8))
这个商品的价格是￥7.80
```

1．字符串格式化运算符%

在 Python 中，格式化输出时，用运算符%分隔格式字符串与输出项，一般格式为：

格式字符串%(输出项 1, 输出项 2, …, 输出项 n)

其中，格式字符串由普通字符和格式说明符组成。普通字符原样输出，格式说明符决定所对应输出项的输出格式。格式说明符以百分号%开头，后接格式标志符。格式说明符的语法格式为：

%[(key)][flags][width][.precision][Length]type

其中，key(可选)为映射键(适用于映射的格式化，如'%(name)s')；flags(可选)为修改输出格式的字符集；width(可选)为最小宽度，如果为*，则使用下一个参数值；precision(可选)为精度，如果为*，则使用下一个参数值；Length(可选)为修饰符(h、l(L))，Python 忽略该字符；type 为格式化类型字符。例如：

    >>>'values are %s,%s,%s'%(1,2.3, ['one', 'two', 'three'])

    'values are 1,2.3,['one', 'two', 'three']'

    >>> print('values are %s,%s,%s'%(1,2.3, ['one', 'two', 'three']))

    values are 1,2.3,['one', 'two', 'three']

在格式化运算符%后面的括号内有 3 个输出项，即 1、2.3 和['one', 'two', 'three']都使用格式说明符%s 将值转换为字符串。格式化运算符%的处理结果是一个字符串，可以用 print() 函数输出该字符串。虽然第一个输出项和第二个输出项不是字符串类型，但同样可以使用格式说明符%s。在这个过程中，当发现第一个输出项(也就是 1)不是字符串时，会先调用 str()函数，把第一个输出项转成字符串类型。一般情况下，如果没有什么特殊要求，不管输出项的类型如何，都可使用格式说明符%s。

除了%s，还有很多类似的格式说明符，如表 2-7 所示。

表 2-7　常用格式说明符

格式字符串标志符(Flags)	说　　明
'0'	数值类型格式化结果左边用零填充
'-'	结果左对齐
' '	对于正值，结果中包括一个前导空格
'+'	数值结果包含 "+" 或 "-" 号
'#'	使用另一种转换方式
格式化类型字符(Type)	格式化结果
%%	百分号
%c	字符
%s	字符串
%d	带符号整数(十进制)
%o	带符号整数(八进制)
%x 或 %X	带符号整数(十六进制)
%e 或 %E	浮点数字(科学记数法)
%f 或 %F	浮点数字(用小数点符号)
%g 或 %G	浮点数字(根据值的大小，采用%e、%f)

上面介绍的只是格式说明符的最简单形式，下面来看复杂一点的用法：

    >>>'%6.2f'%1.235

    ' 1.24'

在格式说明符中出现了"6.2"，它表示的意义是，总共输出的长度为 6 个字符，其中小数部分占 2 位。

更复杂的用法如下：

>>>'%06.2f'%1.235

'001.24'

在 6 的前面多了一个 0(数字 0)，表示如果输出的位数不足 6 位就用 0 补足 6 位。这一行的输出为"001.24"，可以看到小数点也占用 1 位。类似于这里 0 的标记还有 –、+。其中，–表示左对齐，+表示在正数前面也标上+号，默认是不加的。

最后来看更复杂的形式：

>>>'%(name)s:%(score)06.1f'%{'score':9.5, 'name':'Lucy'}

'Lucy:0009.5'

这种形式只用在要输出的内容为字典类型时，小括号中的 name 和 score 对应于后面的"键—值"对中的键。从前面的例子可以看到，"格式字符串"中格式说明符的顺序和输出项是一一对应的，第一个格式说明符对应第一个输出项，第二个格式说明符对应第二个输出项，以后依次对应。而在这种形式中则不是，每个格式说明符对应哪个输出项由圆括号中的键来指定，因此这行代码的输出为 'Lucy:0009.5'。

有时候在"%6.2f"这种格式字符串中，输出长度 6 和小数位数 2 也不能事先指定，而需要在程序运行过程中再确定。这时可以用%*.*f 的形式，当然在后面的输出项中要包含那两个"*"的值。例如：

>>>'%0*.*f'%(6,2,2.345)

'002.35'

在这里，'%0*.*f'%(6,2,2.345)相当于'%06.2f'%2.345。

下面看一些字符串格式化运算符%的应用实例。

>>>print('%+3d,%0.2f'%(25,123.567))

+25,123.57

>>>print("Name: %-10s Age: %-8d Salary: %-0.2e"%("Aviad", 25, 1839.8))

Name: Aviad   Age: 25   Salary: 1.84e+03

>>>nHex=0xFF

>>>print("nHex=%x,nDec=%d,nOct=%o"%(nHex,nHex,nHex))

nHex=ff,nDec=255,nOct=377

2. format()内置函数

format()内置函数可以将一个输出项单独进行格式化，一般的语法格式为：

format(输出项[,格式字符串])

格式字符串的语法格式为：

[[fill]align][sign][#][0][width][,][.precision][type]

其中，fill(可选)为填充字符，可以是除{}外的任何字符；align 为对齐方式，包括"<"(左对齐)、">"(右对齐)、"^"(居中)、"="(填充位于符号和数字之间)；sign(可选)为符号字符，包括"+"(正数)、"-"(负数)、" "(正数带空格，负数带-)；"#"(可选)使用另一种转换方式；"0"(可选)数值类型格式化结果左边用零填充；width(可选)是最小宽度；precision(可选)是精度；type 是格式化类型字符。

　　格式字符串是可选项，当省略格式字符串时，该函数等价于函数"str(输出项)"的功能。format()内置函数把输出项按格式字符串中的格式说明符进行格式化，然而函数解释格式字符串是根据输出项的类型来决定的，不同的类型有不同的格式化解释。基本的格式控制符(type)有：d、b、o、x 或 X 分别按十进制、二进制、八进制、十六进制输出一个整数；f 或 F、e 或 E、g 或 G 按小数形式或科学记数法输出一个整数或浮点数；c 输出以整数为编码(ASCII)的字符；%输出百分号。例如：

```
>>> print (format(15, "x"),format(65, "c"), format(3.145, "f")
FA3.145000
```

格式字符串还可以指定输出长度以及小数部分的保留位数。例如：

```
>>> print(format(3.145, "6.2f"))
3.15
>>>print(format(3.145,'0=+10'), format(3.14159,"05.3"))
+00003.145 03.14
>>> print(format("test","<20"))          #左对齐
test
>>> print(format("test","^20"))          #居中对齐
        test
```

3. 字符串的 format()方法

　　Python 是面向对象的语言，任何数据类型是一个类，任何具体的数据是一个对象。字符串也是一个类，要使输出项格式化为一个字符串模板输出，可以使用字符串的 format()方法。这个方法会把格式字符串当成一个模板，通过传入的参数对输出项进行格式化。字符串 format()方法的调用格式为：

　　　　格式字符串.format(输出项 1,输出项 2,…,输出项 n)

其中，格式字符串中可以包括普通字符和格式说明符。普通字符原样输出，格式说明符决定所对应输出项的转换格式。

　　格式说明符使用大括号括起来，一般的语法形式为：

　　　　{[序号或键]:格式说明符}

其中，序号(可选)对应于要格式化的输出项的位置，从 0 开始。0 表示第一个输出项，1 表示第二个输出项，依次类推。序号全部省略则按输出项的自然顺序输出；键(可选)对应于要格式化的输出项的名字或字典的键值；格式说明符同 format()内置函数。

　　格式说明符用冒号(:)开头，例如：

```
>>>'{0:.2f},{1}'.format(3.128,100)
'3.13,100'
```

其中，格式说明符"{0:.2f}"包含了两方面的含义："0"表示该格式说明符决定了 format 中第一个输出项的格式；":.2f"即格式说明符，进一步说明对应的输出项如何被格式化，即小数部分占 2 位，按输出项实际位数输出。"{1}"会被传给 format()方法的第二个输出项，

即 100，也就是在逗号后面是"100"。

下面为一些字符串 format()方法的使用实例。

(1) 使用大括号"{ }"格式说明符，大括号及其里面的字符(称为格式化字符)将会被 format()中的参数替换。例如：

>>>print('我是{}, {}'.format('黎明', '大家好！'))

我是黎明，大家好！

>>>import math

>>>print('圆周率值约为{}.'.format (math.pi))

圆周率值约为 3.141592653589793.

(2) 使用"{序号}"形式的格式说明符，大括号中的数字用于指向输出对象在 format() 函数中的位置。例如：

>>> print('{0}, 我是{1}.我的邮箱是：{2}'.format('大家好','黎明','liming@imu.edu.cn'))

大家好,我是黎明.我的邮箱是：liming@imu.edu.cn

可以改变格式说明符的位置。例如：

>>> print('{1},我是{0}.我的邮箱是：{2}'.format('黎明','大家好','liming@imu.edu.cn'))

大家好,我是黎明.我的邮箱是：liming@imu.edu.cn

(3) 使用"{键}"形式的格式说明符，大括号中是一个标识符，该标识符会指向使用该 名字的参数。例如：

>>>print('嗨,{xm},{msg}'.format(xm='黎明',msg='你好！'))

嗨,黎明,你好！

(4) 混合使用"{序号}""{键}"形式的格式说明符。例如：

>>>print ('{1},{0},{msg}'.format ('黎明', '嗨',msg='你好！'))

嗨,黎明,你好！

(5) 输出项的格式控制。序号或键后面可以跟一个冒号和格式说明符，这就允许对输 出项进行更好的格式化。例如，{0:6}表示 format 中的第一个参数占 6 个字符宽度，如果输 出位数大于该宽度，就按实际位数输出，如果输出位数小于此宽度，则默认右对齐，左边 补空格，补足 6 位。{1:.2}表示第二个参数除小数点外的输出位数是 2 位。{1:.2f}表示浮 点数的小数位保留 2 位，其中 f 表示浮点型，就是用于指明数据类型的，d 表示整型。 例如：

>>> print ('π= {0:.2f}.'.format(math.pi))

π= 3.14.

>>> print('π= {0:.4}.'.format(math.pi))

π= 3.142.

还可以设置对齐方式，用二进制、八进制、十六进制输出整数。例如：

```
print('{0:<12}'.format(12345))          #左对齐
print('{0:>12}'.format(12345))          #右对齐
print('{0:^12}'.format(12345))          #中间对齐
print('{0:8b}'.format(68))              #用二进制形式输出
print('{0:8o}'.format(68))              #用八进制形式输出
```

```
print('{0:8x}'.format(68))                    #用十六进制形式输出
```
程序运行结果为：
```
12345
          12345
      12345
 1000100
     104
      44
```

2.10　字符串操作相关方法

1. 字符串长度

len()函数用于确定字符串包含的字符个数，即字符串的长度。例如：
```
>>>len("Hello")
5
>>>len("中国")
2
```

2. 字符串连接操作

(1) 基本连接操作。

Python 字符串操作(一)

Python 提供了一种字符串数据的运算方式，称为连接运算，其运算符为"+"，表示将两个字符串数据连接起来，成为一个新的字符串数据。字符串表达式是指用"连接"运算符把字符串常量、字符串变量等字符串数据连接起来的有意义的式子，它一般的语法格式是：
```
s1+s2+…+sn
```
其中，s1，s2，…，sn 均是一个字符串，表达式的值也是一个字符串。例如：
```
>>>"Sub"+"String"
'SubString'
```
将字符串和数值数据进行连接时，需要将数值数据用 str()函数或 repr()函数转换成字符串，然后再进行连接。例如：
```
>>>"Python"+" "+str(3.5)
"Python 3.5"
```
(2) 重复连接操作。

Python 提供乘法运算符(*)，构建一个由其自身字符串重复连接而成的字符串。字符串重复连接的一般语法格式是：
```
s*n 或 n*s
```
其中，s 是一个字符串；n 是一个正整数，代表重复的次数。例如：
```
>>>'ABCD'*2
```

'ABCDABCD'

>>>3*'ABC'

'ABCABCABC'

3. 字符串的索引

为了实现索引，需要对字符串中的字符进行编号，最左边字符的编号为 0，最右边字符的编号比字符串的长度小 1。Python 还支持在字符串中使用负数从右向左进行编号，最右边的字符(即倒数第 1 个字符)的编号为 −1，字符串变量名后连接用中括号括起来的编号即可实现字符串的索引。例如：

>>>s="Hello"

>>>print(s[0],s[-4])

H e

字符串 s 中各个字符的索引编号如图 2-1 所示。

s[0]	s[1]	s[2]	s[3]	s[4]
H	e	l	l	o
s[-5]	s[-4]	s[-3]	s[-2]	s[-1]

图 2-1　字符串中字符的索引编号

注意：索引编号要求为整数，且不能越界，否则会出现错误。

4. 字符串的分片

字符串的分片(或切片)就是从给定的字符串中分离出部分字符，这时可以使用以下形式的字符串索引编号：

i:j:k

其中，i 是索引起始位置，j 是索引结束位置但不包括该位置上的字符，索引编号每次增加的步长为 k。例如：

>>>s="Hello World!"

>>> print(s[0:5:2])

Hlo

即取字符串 s 第 1 个字符(其索引编号为 0)、第 3 个字符(其索引编号为 2)、第 5 个字符(其索引编号为 4)。又如：

>>>print(s[0:4:1])

Hell

>>>print(s[-1:-5:-1])

!dlr

注意：字符串分片时，不包括索引结束位置上的字符。假设字符串的长度为 n，则索引的范围是 0～n−1。也可以使用负索引，索引范围是 −n～−1。正索引和负索引的区别是，正索引以字符串的开始为起点，负索引以字符串的结束为起点。

例如：

>>> s='abcdefg'

```
>>>s[5:1:-1]
'fedc'
>>>s[-len(s):-1]
'abcdef'
```

字符串分片的索引编号中，索引的起始位置 i、索引结束位置 j 和步长 k 均可省略。省略 i 时，从 0 或 −1 开始；省略 j 时，到最后一个字符结束；省略 k 时，步长为 1。例如：

```
s='ABCDEFGHIJK'
>>>s[:]
'ABCDEFGHIJK'
>>>s[1:10:2]
'BDFHJ'
>>>s[::2]
'ACEGIK'
>>>s[::-1]
'KJIHGFEDCBA'
>>>s[4:1:-1]
'EDC'
>>>s[:-1]
'ABCDEFGHIJ'
```

分片的操作灵活，开始和结束的索引值可以超过字符串的长度。例如：

```
>>> s='ABCDEFGHIJK'
>>>s[-100:100]
'ABCDEFGHIJK'
```

例 2.8　利用字符串分片方法将一个字符串中的字符按逆序打印出来。
程序如下：

```
s1=input("please enter a string:")
s2=s1[::-1]
print(s2)
```

程序运行结果如下：

```
please enter a string:ABCDEF
FEDCBA
```

5. 字符串逻辑操作

字符串的逻辑操作是指字符串参与逻辑比较，其操作的结果是一个逻辑量，通常用于表达字符处理的条件。

(1) 关系操作。

与数值数据一样，字符串也能进行关系操作，如 "A" > "B" 就是一个字符关系表达式，与数值型关系表达式一样可以使用各种关系运算符。字符关系表达式的值只有 True 和 False 两种结果。

字符比较是比较其计算机内部字符编码值的大小，英文字符按 ASCII 码值大小进行比较。英文字母、阿拉伯数字、空格等的比较的基本规则是：空格字符最小，数字比字母小，大写字母比小写字母小(对应大小字母相差 32)。

在进行字符串数据的比较时，遵循以下规则。

① 单个字符比较，按字符编码值大小进行比较。例如：

>>>"D"<"B"

False

>>>"8">"2"

True

② 两个相同长度的字符串的比较是将字符串中的字符从左向右逐个比较，如果所有字符都相等，则两个字符串相等；如果两个字符串中有不同的字符，则以最左边的第 1 对不同字符的比较结果为准。例如：

>>>"SHANGHAI"<"SHANKONG"

True

因为第 5 个字符"G"小于"K"，所以前一字符串小于后一字符串。

③ 若两个字符串中字符个数不等，则将较短的字符串后面补足空格后再比较。例如：

>>>"WHERE"<"WHEREVER"

True

因为先将"WHERE"后边补空格成为"WHERE□□□"之后，再与"WHEREVER"比较，第 6 个字符空格小于字母"V"。

(2) 成员关系操作。

字符串的成员关系操作包括 in 和 not in 操作，一般语法格式为：

字符串 1 ［not］in 字符串 2

该操作用于判断字符串 1 是否属于字符串 2，其返回值为 True 或 False。例如：

>>>'a' in 'abc'

True

>>>'a' not in 'abc'

False

>>>'ab' in 'abc'

True

>>>'e' in 'abc'

False

6. 字符串的常用方法

字符串支持很多方法，通过它们可以实现对字符串的处理。字符串对象是不可改变的，也就是说在 Python 创建一个字符串后，不能改变这个字符串中的某一部分。任何字符串方法改变了字符串后，都会返回一个新的字符串，原字符串并没有变。

本书经常用到函数(Function)和方法(Method)两个概念。例如，前

Python 字符串
操作(二)

面介绍的 ord 和 chr 是两个内置函数，后面介绍的 upper 和 lower 是字符串的两个方法。其实，它们是同一个概念，即具有独立功能，由若干语句组成的一个可执行程序段，但它们又是有区别的，函数是面向过程程序设计的概念，方法是面向对象程序设计的概念。在面向对象程序设计中，类的成员函数称为方法，所以方法本质上还是函数，只不过是写在类里面的函数。方法依附于对象，没有独立于对象的方法；而面向过程程序设计中的函数是独立的程序段。所以，函数可以通过函数名直接调用，如 ord('A')，对象中的方法则要通过对象名和方法名来调用，一般的语法格式为：

　　　　对象名.方法名(参数)

在 Python 中，字符串类型(String)可以看成一个类(Class)，而一个具体的字符串可以看成一个对象，该对象具有很多方法，这些方法是通过类的成员函数来实现的。下面的语句调用字符串类型的 upper 方法，将字符串 'abc123dfg' 中的字母全部变成大写。

　　　　>>>'abc123dfg'.upper()

　　　　'ABC123DFG'

(1) 字母大小写转换。

- s.upper()：全部转换为大写字母。
- s.lower()：全部转换为小写字母。
- s.swapcase()：字母大小写互换。
- s.capitalize()：句子首字母大写，其余小写。
- s.title()：单词首字母大写。

例 2.9　字母大小写转换函数使用示例。

程序如下：

```
s='Python Program'
print('{:s} lower={:s}'.format(s,s.lower()))
print('{:s} upper={:s}'.format(s,s.upper()))
print('{:s} swapcase={:s}'.format(s,s.swapcase()))
print('{:s} capitalize={:s}'.format(s,s.capitalize()))
print('{:s} title={:s}'.format(s,s.title()))
```

程序运行结果如下：

```
Python Program lower=python program
Python Program upper=PYTHON PROGRAM
Python Program swapcase=pYTHON pROGRAM
Python Program capitalize=Python program
Python Program title=Python Program
```

(2) 字符串搜索。

- s.find(substr,[start,[end]])：返回 s 中出现 substr 的第 1 个字符的编号，如果 s 中没有 substr，则返回 −1。start 和 end 的作用就相当于在 s[start:end]中搜索。
- s.index(substr,[start,[end]])：与 find()相同，只是在 s 中没有 substr 时，会返回一个运行错误。
- s.rfind(substr,[start,[end]])：返回 s 中最后出现的 substr 的第 1 个字符的编号，如果 s

中没有 substr，则返回 −1，也就是从右边算起的第 1 次出现的 substr 的首字符编号。

- s.rindex(substr,[start,[end]])：与 rfind() 相同，只是在 s 中没有 substr 时，会返回一个运行时错误。
- s.count(substr,[start,[end]])：计算 substr 在 s 中出现的次数。
- s.startswith(prefix,[start,[end]])：是否以 prefix 开头，若是返回 True，否则返回 False。
- s.endswith(suffix,[start[end]])：是否以 suffix 结尾，若是返回 True，否则返回 False。

例 2.10 字符串搜索函数使用示例。

程序如下：

```
s='Python Program'
print('{:s} find nono={:d}'.format(s,s.find('nono')))
print('{:s} find t={:d}'.format(s,s.find('t')))
print('{:s} find t from {:d}={:d}'.format(s,1,s.find('t',1)))
print('{:s} find t from {:d} to {:d}={:d}'.format(s,1,2,s.find('t',1,2)))
print('{:s} rfind t={:d}'.format(s,s.rfind('t')))
print('{:s} count t={:d}'.format(s,s.count('t')))
```

程序运行结果如下：

```
Python Program find nono=-1
Python Program find t=2
Python Program find t from 1=2
Python Program find t from 1 to 2=-1
Python Program rfind t=2
Python Program count t=1
```

(3) 字符串替换。

- s.replace(oldstr,newstr,[count])：把 s 中的 oldster 替换为 newstr，count 为替换次数。这是替换的通用形式，还有一些函数用于进行特殊字符的替换。
- s.strip([chars])：把 s 中前后 chars 中有的字符全部去掉，可以理解为把 s 前后 chars 替换为 None；默认去掉前后空格。
- s.lstrip([chars])：把 s 左边 chars 中有的字符全部去掉；默认去掉左边空格。
- s.rstrip([chars])：把 s 右边 chars 中有的字符全部去掉；默认去掉右边空格。
- s.expandtabs([tabsize])：把 s 中的 tab 字符替换为空格，每个 tab 替换为 tabsize 个空格，默认是 8 个。

例 2.11 字符串替换函数使用示例。

程序如下：

```
s='Python Program'
print('{:s} replace t to *={:s}'.format(s,s.replace('t','*')))
print('{:s} replace t to *={:s}'.format(s,s.replace('t','*',1)))
print('{:s} strip={:s}'.format(s,s.strip()))
print('{:s} strip={:s}'.format(s,s.strip('Pm')))
```

程序运行结果如下：

    Python Program replace t to *=Py*hon Program

    Python Program replace t to *=Py*hon Program

    Python Program strip=Python Program

    Python Program strip=ython Progra

(4) 字符串的拆分与组合。

· s.split([sep,[maxsplit]])：以 sep 为分隔符，把字符串 s 拆分成一个列表。默认的分隔符为空格。maxsplit 表示拆分的次数，默认取-1，表示无限制拆分。

· s.rsplit([sep,[maxsplit]])：从右侧把字符串 s 拆分成一个列表。

· s.splitlines([keepends])：把 s 按行拆分为一个列表。keepends 是一个逻辑值，如果为 True，则每行拆分后会保留行分隔符。

例如：

    >>>s='''fdfd

    fdfdfd

    gf

    3443

    '''

    >>>s.splitlines()

    ['fdfd', 'fdfdfd', 'gf', '3443']

    >>>s.splitlines(True)

    ['fdfd\n', 'fdfdfd\n', 'gf\n', '3443\n']

· s.partition(sub)：从 sub 出现的第 1 个位置起，把字符串 s 拆分成一个 3 元素的元组(sub 左边字符，sub，sub 右边字符)。如果 s 中不包含 sub，则返回(s, '','')。

· s.rpartition(sub)：从右侧开始，把字符串 s 拆分成一个 3 元素的元组(sub 左边字符，sub，sub 右边字符)。如果 s 中不包含 sub，则返回('','',s)。

· s.join(seq)：把 seq 代表的序列组合成字符串，用 s 将序列各元素连接起来。字符串中的字符是不能修改的，如果要修改，通常的方法是，用 list()函数把字符串 s 变为以单个字符为成员的列表(使用语句 s=list(s))，再使用给列表成员赋值的方式改变值(如 s[3]='a')，最后再使用语句 "s=''.join(s)" 还原成字符串。

例 2.12　字符串拆分与组合函数使用示例。

程序如下：

    s='a b c de'

    print('{:s} split={}'.format(s,s.split()))

    s='a-b-c-de'

    print('{:s} split={}'.format(s,s.split('-')))

    print('{:s} partition={}'.format(s,s.partition('-')))

程序运行结果如下：

a b c de split=['a', 'b', 'c', 'de']

a-b-c-de split=['a', 'b', 'c', 'de']

a-b-c-de partition=('a', '-', 'b-c-de')

(5) 字符串类型测试。字符串类型测试函数返回的都是逻辑值。

- s.isalnum()：是否全是字母和数字，并至少有一个字符。
- s.isalpha()：是否全是字母，并至少有一个字符。
- s.isdigit()：是否全是数字，并至少有一个字符。
- s.isspace()：是否全是空格，并至少有一个字符。
- s.islower()：s 中的字母是否全是小写。
- s.isupper()：s 中的字母是否全是大写。
- s.istitle()：s 是否为首字母大写。

例 2.13 字符串测试函数使用示例。

程序如下：

```
s='Python Program'
print('{:s} isalnum={}'.format(s, s.isalnum()))
print('{:s} isalpha={}'.format(s, s.isalpha()))
print('{:s} isupper={}'.format(s, s.isupper()))
print('{:s} islower={}'.format(s, s.islower()))
print('{:s} isdigit={}'.format(s, s.isdigit()))
s='3423'
print('{:s} isdigit={}'.format(s, s.isdigit()))
```

程序运行结果如下：

```
Python Program isalnum=False
Python Program isalpha=False
Python Program isupper=False
Python Program islower=False
Python Program isdigit=False
3423 isdigit=True
```

习题 2

一、选择题

1. 可以接收用户的键盘输入的是(　　)。

　　A. input 命令　　　B. input 函数　　　C. format 函数　　　D. int 函数

2. 下面不是合法的整数数字的是(　　)。

　　　A. 0x1e　　　　　　B. 1e2　　　　　　C. 0b1001　　　　D. 0o29

3. 下面属于合法变量名的是(　　　)。

　　　A. my-name　　　　B. complex　　　　C. _address　　　D. 'ID'

4. 在字符串格式化中，不属于格式字符串标志符的是(　　　)。

　　　A. %s　　　　　　B. %n　　　　　　C. %f　　　　　　D. %d

5. 下面不是 "+" 的用法的是(　　　)。

　　　A. 字符串连接　　B. 算数加法　　　C. 逻辑与　　　　D. 单目运算

6. 下面运算符优先级最高的是(　　　)。

　　　A. and　　　　　　B. +　　　　　　C. *=　　　　　　D. ==

7. 下面运算结果不是浮点型的有(　　　)。

　　　A. 2*0.5　　　　　B. 2**-1　　　　C. 5 // 2　　　　D. 18/3

8. 表达式 3*(2+12%3)**3/5 的结果是(　　　)。

　　　A. 129.6　　　　　B. 4　　　　　　C. 43.2　　　　　D. 4.8

9. 数学关系表达式 $-1 < x < 1$ 表示成 Python 表达式，应该是(　　　)。

　　　A. $-1<x<1$

　　　C. $-1<x$ and $x<1$

　　　B. $1<x$ and < 1

　　　D. $-1<x$ or $x<1$

10. 数学表达式 xy/(0.5z)表示成 Python 表达式，应该是(　　　)。

　　　A. xy/0.5/z

　　　C. x*y/0.5*z

　　　B. xy/0.5z

　　　D. x*y/(0.5*z)

11. 语句 x,y=eval(input())执行后，输入数据格式错误的是(　　　)。

　　　A. 3 4

　　　C. 3,4

　　　B. (3,4)

　　　D. [3,4]

12. 下列程序的运行结果是(　　　)。

```
x=y=10
x,y,z=6,x+1,x+2
print(x,y,z)
```

　　　A. 10 10 6　　　　B. 6 10 10　　　　C. 6 7 8　　　　　D. 6 11 12

13. 访问字符串中的部分字符的操作称为(　　　)。

　　　A. 分片　　　　　B. 合并　　　　　C. 索引　　　　　D. 赋值

14. 执行下列语句后的显示结果是(　　　)。

```
world="world"
print("hello"+world)
```

　　　A. helloworld

　　　C. hello world

　　　B. "hello"world

　　　D. "hello"+world

15. 下列表达式中，有 3 个表达式的值相同，另一个不相同，与其他 3 个表达式的值不同的是(　　　)。

　　　A. "ABC"+"DEF"　　　　　　　　　B. ".join(("ABC","DEF"))

C. "ABC"-"DEF"　　　　　　　　　　D. "ABCDEF"*1

16. 设 s="Python Programming"，那么 print(s[-5:])的结果是(　　)。

　　　A. mming　　　　　B. Python　　　　　C. mmin　　　　　D. Pytho

17. 设 s="Happy New Year"，则 s[3:8]的值为(　　)。

　　　A. "ppy Ne"　　　　B. "py Ne"　　　　C. "ppy N"　　　　D. "py New"

18. 将字符串中全部英文字母转换为大写的字符串方法是(　　)。

　　　A. swapcase　　　　B. capitalize　　　　C. uppercase　　　　D. upper

二、填空题

1. _____是 Python 的注释符。

2. Python 使用_____作为转义符的开始符号。

3. Python 的基本数据类型有_____、_____、_____、_____等。

4. 判断正整数 n 是奇数的 Python 表达式为_____。

5. 在 Python 语句行中使用多条语句，语句之间使用_____分隔；如果语句太长，可以使用_____作为续行符。

6. 在 Python 中，赋值的含义是使变量_____一个数据对象，该变量是该数据对象的_____。

7. 和 x/=x*y+z 等价的语句是_____。

8. "4"+"5" 的值是_____。

9. 字符串 s 中最后一个字符的位置是_____。

10. 设 s="abcdefg"，则 s[3]的值是_____，s[3:5]的值是_____，s[:5]的值是_____，s[3:]的值是_____，s[::2] 的值是_____，s[::-1]的值是_____，s[-2:-5]的值是_____。

11. "Python program".count("P")的值是_____。

12. "AsDf88".isalpha()的值是_____。

13. 下列语句的执行结果是_____。

```
s="A"
print(3*s.split())
```

14. 已知 s1="red hat"，s1.upper()的值是_____，s1.swapcase()的值是_____，s1.title()的值是_____，s1.replace("hat","cat")的值是_____。

15. 设 s="a,b,c"，s2=("x","y","z")，s3=":"，则 s.split(",")的值为_____，s.rsplit(",",1)的值为_____，s.partition(",")的值为_____，s.rpartition(",")的值为_____，s3.join("abc")的值为_____，s3.join(s2)的值为_____。

三、简述题

1. Python 有哪几种基本数据类型？分别介绍其作用。

2. Python 有几类运算符？分别介绍其作用。

3. 什么是增强型赋值运算符？

四、实践题

1. 编写 Python 程序输出下列数学表达式的值。

(1) 已知 x=4，y=2.7，计算(5x+14)*y 的值。

(2) 已知 x=π/4，y=π/6，计算 sinxcosy 的值。

2. 输入学号、姓名、性别、联系电话，按指定格式输出每一项的值(学号为 12 位数字，姓名为 10 个字符，性别为 1 个字符，联系电话为 15 位数字)。

3. 利用字符串相关方法，把社会主义核心价值观"富强、民主、文明、和谐，自由、平等、公正、法治，爱国、敬业、诚信、友善"按每行 3 个词的形式显示到屏幕上。

第 3 章　Python 程序设计结构

　　程序包含 3 种基本结构：顺序结构、选择结构和循环结构。其中，顺序结构是最简单的一种结构，它只需按照问题的处理顺序，依次写出相应的语句即可。学习程序设计，首先从顺序结构开始。

　　一个程序通常包括数据输入、数据处理和数据输出 3 个操作步骤。其中，数据输入、数据输出反映了程序的交互性，一般是一个程序必需的步骤；数据处理是指对数据要进行的操作与运算，根据解决的问题的不同，需要使用不同的语句来实现。最基本的数据处理语句是赋值语句，有了赋值语句、输入语句和输出语句，就可以编写简单的 Python 程序了。

　　本章介绍程序设计的基本步骤、算法的概念及 Python 程序的设计结构。

3.1　程序设计概述

　　在学习 Python 语言程序设计之前，需要了解一些程序设计的基础知识，包括程序设计的基本步骤、算法的概念及其描述方法。

3.1.1　程序设计的基本步骤

　　一个解决问题的程序主要描述两部分内容：一是描述问题的每个数据对象和数据对象之间的关系，二是描述对这些数据对象进行操作的规则。

Python 程序设计
结构(一)

其中，关于数据对象及数据对象之间的关系是数据结构(Data Structure)的内容，而操作规则是求解问题的算法(Algorithm)。计算机是按照程序所描述的算法对某种结构的数据进行加工处理的，因此设计一个好的算法是十分重要的，而好的算法在很大程度上取决于合理的数据结构，数据结构和算法是程序最主要的两个方面。著名的瑞士计算机科学家 N. Wirth 教授曾提出：算法+数据结构=程序。

　　程序设计的任务就是选择描述问题的数据结构，并设计解决问题的方法和步骤，即设计算法，再将算法用程序设计语言来描述。什么是程序设计？对于初学者来说，往往把程序设计简单地理解为是编写一个程序，这是不全面的。程序设计反映了利用计算机解决问题的全过程，包含多方面的内容，而编写程序只是其中的一个方面。使用计算机解决实际问题，通常是先对问题进行分析并建立数学模型，然后考虑数据的组织方式和算法，并用某一种程序设计语言编写程序，最后调试程序，使之运行后能产生预期的结果。这个过程称为程序设计(Programming)，具体要经过以下 4 个基本步骤。

(1) 分析问题，确定数学模型或方法。

要用计算机解决实际问题，首先要对待解决的问题进行详细分析。弄清问题求解的需求，包括需要输入什么数据，要得到什么结果，最后应输出什么，即弄清要计算机"做什么"；然后把实际问题简化，用数学语言描述它。这称为建立数学模型。建立数学模型后，需选择计算方法，即选择用计算机求解数学模型的近似方法。不同的数学模型要进行一定的近似处理，对于非数值计算问题，则要考虑数据结构。

(2) 设计算法，画出流程图。

弄清要计算机"做什么"后，就要设计算法，明确要计算机"怎么做"。解决一个问题，可能有多种算法，这时要经过分析、比较，挑选一种最优的算法。算法设计好后，要用流程图把算法形象地表示出来。

(3) 选择编程工具，按算法编写程序。

当确定了解决一个问题的算法后，还必须将该算法用程序设计语言编写成程序。这个过程称为编码(Coding)。

(4) 调试程序，分析输出结果。

编写完成的程序，还必须在计算机上运行，排除程序可能的错误，直到得到正确结果为止。这个过程称为程序调试(Debug)。即使是经过调试的程序，在使用一段时间后，仍然可能会被发现尚有错误或不足之处。这需要对程序做进一步的修改，使之更加完善。

解决实际问题时，应对问题的性质与要求进行深入分析，从而确定求解问题的数学模型或方法；接下来进行算法设计，并画出流程图，有了算法流程图，再编写程序就容易了。有些初学者在没有把所要解决的问题分析清楚之前就急于编写程序，结果编程思路混乱，很难得到预想的结果。

3.1.2　算法及其描述

算法(algorithm)是一种逐步解决问题或完成任务的方法，是为解决一个特定问题而采取的确定的、有限的步骤。算法被誉为计算科学的灵魂，解决不同问题需要有不同的算法。在程序设计过程中，算法设计是重要的步骤。算法需要借助一些直观、形象的工具来进行描述，以便于分析和查找问题。

1. 算法的概念

在日常生活中，人们做任何一件事情，都是按一定规则一步一步地进行，这些解决问题的方法和步骤称为算法。例如，工厂生产一台机器，先把零件按一道道工序进行加工，然后把各种零件按一定法则组装起来，生产机器的工艺流程就是算法。

计算机解决问题的方法和步骤，就是计算机解题的算法。计算机用于解决数值计算问题，如科学计算中的数值积分、线性方程组的求解等计算方法，就是数值计算的算法；用于解决非数值计算，如数据处理中的排序、查找等方法，就是非数值计算的算法。要编写解决问题的程序，首先应设计算法，任何一个程序都依赖于特定的算法，有了算法，再来编写程序就比较容易了。

算法是一个有穷规则的集合，这些规则确定了解决某类问题的一个运算序列。对于该类问题的任何初始输入值，它都能机械地一步一步地执行计算，经过有限步骤后终止计算并输出结果。算法具有如下基本特征：

① 有穷性(Finiteness)：算法必须能在执行有限个步骤之后终止。

② 确定性(Definiteness)：算法的每一个步骤必须有确切的定义，不允许有歧义。

③ 输入项(Input)：一个算法有 0 个或多个输入，以刻画运算对象的初始情况。所谓 0个输入，是指算法本身给出了初始条件。

④ 输出项(Output)：一个算法有一个或多个输出，以反映对输入数据加工后的结果。没有输出的算法是毫无意义的。

⑤ 可行性(Effectiveness)：算法中执行的任何计算步骤都可以被分解为基本的可执行的操作，即每一步计算都可以在有限时间内完成，也称之为有效性。

需要注意的是，算法的有穷性的限制是不充分的。一个实用的算法，不仅要求算法步骤有限，还要求运行这些步骤所花费的时间有限，不能无限计算下去。

下面举两个简单的例子，以说明计算机解题的算法。

例 3.1　利用公式(1)实现华氏温度到摄氏温度转换的算法。

$$c = \frac{5 \times (f - 32)}{9} \tag{1}$$

① 输入华氏温度。用 f 表示华氏温度。

② 代入公式(1)，计算出对应的摄氏温度。用 c 表示摄氏温度。

例 3.2　求解两个正整数的最大公约数(欧几里得算法)的算法。

① 已知两个正整数 m、n，且 m > n；

② 以大数 m 作被除数，小数 n 作除数，m 除以 n 得余数 r；

③ 若 r ≠ 0，m←n，n←r，则继续执行步骤②；

④ 若 r = 0，则 n 即为所求的 m 与 n 的最大公约数，算法结束。

从上述算法示例可以看出，算法是解决问题的方法和步骤的精确描述。算法并不给出问题的精确解，只是说明怎样才能得到解。每个算法都是由一系列基本的操作组成的。这些操作包括加、减、乘、除、判断、置数等。所以研究算法的目的就是要研究怎样把问题的求解过程分解成一些基本的操作。

算法设计好之后，要检查其正确性和完整性，再根据它用某种高级语言编写出相应的程序。程序设计的关键就在于设计出一个好的算法。所以，算法是程序设计的核心。

2. 算法的描述

算法可以用任何形式的语言和符号来描述，通常有自然语言表示方法、流程图表示方法等。

1) 自然语言表示方法

自然语言表示方法就是用人们日常使用的语言描述解决问题的方法和步骤。这种描述方法通俗易懂，即使是不熟悉计算机语言的人也很容易理解算法。

例 3.3　输入 20 个数，找出其中最大的数。

思路：设 max 单元用于存放最大数，先将输入的第一个数放在 max 中，再将输入的第二个数与 max 比较，较大者放在 max 中，然后将第三个数与 max 相比，较大者放在 max 中，……，一直到比完 19 次为止。

上述算法可以写成如下形式：

① 输入一个数，存放在 max 中；

② 用 i 来统计比较的次数，其初值置为 1；

③ 若 i≤19，执行第④步，否则执行第⑧步；

④ 输入一个数，放在 x 中；

⑤ 比较 max 和 x 中的数，若 x＞max，则将 x 的值送给 max，否则 max 值不变；

⑥ i 增加 1；

⑦ 返回到第③步；

⑧ 输出 max 中的数，此时 max 中的数就是 20 个数中最大的数。

2) 流程图表示方法

流程图是最早出现的用图形表示算法的工具。流程图使用一些专用的图框、符号和流程线等来表示算法。在流程图中，可以用一些图框来表示各种类型的操作，在框内写出各个步骤，然后用带箭头的线把它们连接起来，以表示执行的先后顺序。用图形表示算法，直观形象，易于理解。美国国家标准化协会 ANSI 曾规定了一些常用的流程图符号，作为世界各国程序工作者普遍采用的统一规范。最常用的流程图符号及含义见表 3-1。

表 3-1　最常用的流程图符号的含义

符号名称	符　号	含　义
起止框		用于流程的开始和终止，每一个算法只有一个开始和一个终止
输入/输出框		表示数据的输入和输出
处理框		表示要执行的操作
判断框		表示判断或决策的条件
流向线		表示程序执行的顺序和方向
连接点		同一个算法或程序中一个程序段和另一个程序段连接点的标志

在这些符号框图中以文字或表达式注明要执行的操作或判断，然后用有方向的线段把这些框图按照一定的结构连接在一起，就成为流程图。

图 3-1 所示为用流程图表示的算法的 3 种基本结构。

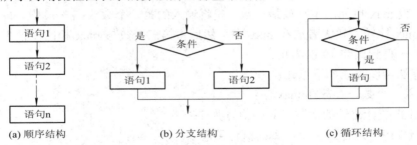

图 3-1　算法 3 种结构的流程图

　　传统的流程图利用具有方向的线段即流向线指出各框的执行顺序，想到哪里就可以让程序流向哪里，完全体现出作者的思路，使用起来比较方便。但是，由于对流向线的使用没有严格限制，使用者可以使程序随意流转，致使流程图变得没有规律，读者需要花精力追踪流程，要理解算法的逻辑性也比较困难。

　　除了使用自然语言、流程图表示算法外，在计算机程序设计中还经常使用伪代码、N-S流程图、UML(统一建模语言)等方法表示算法。读者可以参考相关资料学习。

　　例 3.4　如图 3-2 所示，用流程图表示欧几里得算法。

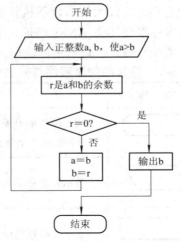

图 3-2　欧几里得算法流程图

3.2　顺 序 结 构

　　通过前面的学习，读者对 Python 程序有了一些了解。一个Python 程序不需要定义变量，可直接描述程序的功能。程序功能一般包括 3 个部分：输入原始数据；对输入的数据进行处理；输出处理结果。其中，对原始数据进行处理是关键。对于顺序结构而言，程序是按语句出现的先后顺序依次执行的。例 3.1 将华氏温度转换为摄氏温度，就是一个顺序结构程序。

Python 程序设计结构(二)

程序分 3 步进行：输入 f 的值；计算 c 的值；输出 c 的值。

程序如下：

```
f=float(input("输入华氏温度值："))
c=5*(f-32)/9
print("摄氏温度值= ",c)
```

例 3.5　从键盘上输入一个 3 位正整数 n，输出其逆序数 m。例如，输入 n=123，则 m=321。

分析：程序分为以下 3 步。

① 输入一个 3 位数 n；

② 求其逆序数 m；

③ 输出 m。

其中第②步是关键。先假设 3 位正整数的各位数字已取出，分别存入不同的变量中，设个位数存入 a，十位数存入 b，百位数存入 c，则 m = 100a + 10b + c。如何取出这个 3 位数的各位数字？取出各位数字的方法有多种，其中之一可用取余数运算符 "%" 和整除运算符 "//" 实现，即：n%10 可取出 n 的个位数；n=n//10 去掉 n 的个位数，再用 n%10 取出原来 n 的十位数，以此类推。

程序如下：

```
n=int(input("n= "))
a=n%10
b=n//10%10
c=n//100
m=100*a+10*b+c
print(n," 的逆序数是",m)
```

程序运行结果如下：

```
n=123                        #键盘输入 123
123 的逆序数是 321
```

例 3.6　求一元二次方程 $ax^2 + bx + c = 0$ 的实数根(假设判别式大于等于 0)。

分析：首先输入方程的系数，然后计算判别式的值，再用求根公式计算实数根。

程序如下：

```
from math import sqrt
a=float(input("a="))
b=float(input("b="))
c=float(input("c="))
d=b*b-4*a*c                 #输入系数的时候注意要保证 d>=0
x1=(-b+sqrt(d))/(2*a)
x2=(-b-sqrt(d))/(2*a)
print("x1={0:.5f},x2={1:.5f}".format(x1,x2))
```

程序运行结果如下：

```
a=3
```

```
b=9
c=2
x1=-0.24169,x2=-2.75831
```

注：本题是在假设判别式大于等于零的时候的代码情况，没有考虑小于零的情况。

有的时候同一个问题有多种算法，这时一般采用易于用计算机语言实现的某个算法。

例 3.7 "鸡兔同笼"问题。

"鸡兔同笼"是中国古代的数学名题之一。大约在 1500 年前，《孙子算经》中就记载了这个有趣的问题。书中是这样叙述的："今有雉兔同笼，上有三十五头，下有九十四足，问雉兔各几何？"这四句话的意思是：有若干只鸡、兔同在一个笼子里，从上面数，有 35 个头，从下面数，有 94 只脚。问笼中各有几只鸡和兔？

(1) 问题分析。

本问题求解笼中各有几只鸡和兔，需要先按照数学方法列出算式。本题有以下多种算法。

算法一：假设法。

假设法 I。

假设全是鸡，则鸡脚共为

$$2 \times 35 = 70 \text{ 只}$$

鸡脚比总脚数少 $94 - 70 = 24$ 只，则有

兔：

$$\frac{24}{4-2} = 12 \text{ 只}$$

鸡：

$$35 - 12 = 23 \text{ 只}$$

假设法 II。

假设鸡和兔都抬起一只脚，笼中站立的脚为

$$94 - 35 = 59 \text{ 只}$$

然后再抬起一只脚，这时候鸡两只脚都抬起来就摔倒了，只剩下用两只脚站立的兔，站立脚为 $59 - 35 = 24$ 只。则有

兔：

$$\frac{24}{2} = 12 \text{ 只}$$

鸡：

$$35 - 12 = 23 \text{ 只}$$

算法二：方程法。

解 ① 一元一次方程法。

设兔有 x 只，则鸡有 $(35 - x)$ 只：

$$4x + 2(35 - x) = 94$$

$$4x + 70 - 2x = 94$$
$$2x = 94 - 70$$
$$2x = 24$$
$$x = 24 \div 2$$
$$x = 12$$
$$35 - 12 = 23 \text{ 只}$$

或设鸡有 x 只，则兔有(35 – x)只：

$$2x + 4(35 - x) = 94$$
$$2x + 140 - 4x = 94$$
$$2x = 46$$
$$x = 23$$
$$35 - 23 = 12 \text{ 只}$$

答：兔有 12 只，鸡有 23 只。

注意：通常设方程时，选择腿的只数多的动物设为 x，再套用到其他类似鸡兔同笼的问题上，好算一些。

② 二元一次方程法。

设鸡有 x 只，兔有 y 只：

$$\begin{cases} x + y = 35 & (1) \\ 2x + 4y = 94 & (2) \end{cases}$$

方程(1)的两端同乘以 2，变为

$$2x + 2y = 70 \qquad\qquad (3)$$

方程(2)–(3)，得 2y=24，解得 y=12。

把 y=12 代入方程(1)，得 x+12=35，解得 x=23。

答：兔有 12 只，鸡有 23 只。

算法三：测试法。

第一步，首先假设全部是鸡；第二步，检查脚的个数是否满足要求，如果不满足要求则执行第三步，如果满足要求则执行第四步；第三步，鸡的数量减 1，兔的数量加 1，返回第二步；第四步，如果满足要求，则输出结果。

(2) 编写程序。

通过以上分析，发现同样一个问题可能会出现多种解法。编写程序的前提是先分析问题，找出解决问题的方法，再用某一种程序语言把算法转换为程序。在这一过程中，把算法转换为程序是关键，有很多算法能够解题，但不一定适合用程序实现。一般情况下方程法比较适合用程序实现。下面用二元一次方程算法思路，编程求解"鸡兔同笼"问题。

程序如下：

```
h = 35
f = 94
x=(4*h-f)/2
y= h-x
```

print("鸡的个数为：", x, "　　兔的个数为：",y)

(3) 程序解析。

按照二元一次方程算法，设鸡的个数为 x，兔的个数为 y，则

$$\begin{cases} x + y = 35 & (1) \\ 2x + 4y = 94 & (2) \end{cases}$$

通过消元法可得

$$x = \frac{4 \times 35 - 94}{2}$$

$$y = 35 - x$$

在程序设计时，头数 35 和脚数 94 是已知数，分别用变量 h 和 f 表示。代入消元后的算式中，即可以计算出鸡和兔的个数。

上面几个例题的求解都是从分析问题着手，先集中精力分析编程思路即设计算法，然后再编写程序。编写程序就像用自然语言写文章一样，有了提纲和素材，文章就能一气呵成。分析问题、提出数学模型和设计算法是搜集素材和编写大纲的过程，有了算法，编写程序就不难了。以上例子虽然简单，但说明了程序设计的基本过程。在解决一个问题时，从分析问题入手，进而提出求解问题的数学模型，再设计算法，最后编写程序并上机调试程序，这是应用计算机求解问题的基本步骤。若不将问题分析清楚，缺乏编程的思路和方法，就急于编写程序，只能是事倍功半，甚至徒劳无益。

3.3　选　择　结　构

选择结构又称为分支结构，它根据给定的条件是否满足，决定程序的执行路线。在不同的条件下执行不同的操作，这在实际求解问题过程中是大量存在的。例如，输入一个整数，要判断它是否为偶数，就需要使用选择结构来实现。根据程序执行路线或分支的不同，选择结构又分为单分支、双分支和多分支 3 种类型。例如，输入学生的成绩，统计及格学生的人数、不及格学生的人数、不同分数段学生的人数等，这里就涉及单分支、双分支和多分支的选择结构。

Python 程序设计
结构(三)

要实现选择结构，首先涉及如何表示条件，再就是如何实现选择结构。Python 提供 if 语句来实现选择结构。本节将介绍 Python 中选择结构程序设计方法。

3.3.1　单分支选择结构

可以用 if 语句实现单分支选择结构，其一般的语法格式为：

　　if 表达式：
　　　　语句块

其中，表达式用来表示条件。语句的执行过程是：计算表达式的值，若值为 True，则执行

语句块，然后执行 if 语句的后续语句；若表达式的值为 False，
则执行 if 语句的后续语句。其执行过程如图 3-3 所示。

　　注意：

　　(1) 在 if 语句的表达式后面必须加冒号。

　　(2) 因为 Python 把非 0 当成真，0 当成假，所以表示条件的
表达式不一定必须是结果为 True 或 False 的关系表达式或逻辑
表达式，可以是任意表达式。例如，下列语句是合法的，将输
出字符串"BBBBB"。

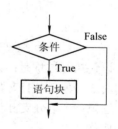

图 3.3　单分支选择结构

```
>>>if 'b':
        Print('BBBBB')
    BBBBB
```

　　if 语句中条件表示的多样性，可以使得程序的描述灵活多变，但从提高程序可读性的
要求讲，还是直接用逻辑判断为好，因为这样更能表达程序员的思想意图，有利于日后对
程序的维护。

　　(3) if 语句中的语句块必须向右缩进，语句块可以是单个语句，也可以是多个语句。当
包含两个或两个以上的语句时，语句必须缩进一致，即语句块中的语句必须上下对齐。例如：

```
    if x>y:
        x=10
        y=20
```

若语句块中的缩进不一致，则语句块的意思就不同了。

　　(4) 如果语句块中只有一条语句，if 语句也可以写在同一行上。例如：

```
    var=20
    if var=20: print("value is 20")
    print("BYE!")
```

　　例 3.8　输入两个整数 a 和 b，先输出较大数，再输出较小数。

　　分析：输入 a、b，如果 a<b，则交换 a 和 b，否则不交换，最后输出 a、b。

　　程序如下：

```
    a,b=eval(input("输入 a,b: "))
    if a<b:                    #若 a<b，交换 a 和 b，否则不交换
        a,b=b,a
    print ("{0}, {1}".format (a,b))
```

　　程序运行结果如下：

```
    输入 a，b: 123,321
    321, 123
```

3.3.2　双分支选择结构

　　可以用 if 语句实现双分支选择结构，其一般的语法格式为：

```
    if 表达式:
```

　　　　　　语句块 1

　　　else:

　　　　　　语句块 2

　　语句执行过程是：计算表达式的值，若为 True，则执行语句块 1，否则执行 else 后面的语句块 2。语句块 1 或语句块 2 执行后再执行 if 语句的后续语句，其执行过程如图 3-4 所示。

　　注意：与单分支 if 语句一样，对于表达式后面或 else 后面的语句块。应将它们缩进对齐。

　　例如：

```
if i%2==1
    x=i/2
    y=i*i
else:
    x=i
    y=i*i*i
```

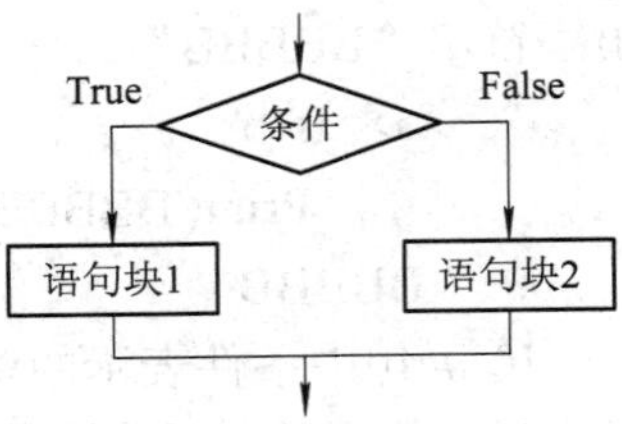

图 3-4　双分支选择结构

　　例 3.9　输入三角形的 3 条边长，求三角形的面积。

　　分析：设 a、b、c 表示三角形的 3 条边长，则构成三角形的充分必要条件是任意两边之和大于第三边，即 a+b>c, b+c>a, a+c>b。如果满足该条件，则可按海伦公式计算三角形的面积：

$$s = \sqrt{p(p-a)(p-b)(p-c)}$$

其中，$p = (a+b+c)/2$。

　　程序如下：

```
from math import *
a,b,c=eval(input("a,b,c="))
if a+b>c and a+c>b and b+c>a:
    p=(a+b+c)/2
    s=sqrt(p*(p-a)*(p-b)*(p-c))
    print("a={0}, b={1}, c={2}".format(a,b,c))
    print("area={}".format(s))
else:
    print("a={0}, b={1}, c={2}".format(a,b,c))
    print("input data error")
```

　　选择结构程序运行时，每次只能执行一个分支，所以在检查选择结构程序的正确性时，设计的原始数据应包括每一种情况，保证每一条分支都检查到。例 3.9 的程序运行时，首先输入的 3 条边能构成一个三角形，求出其面积。再次运行该程序时，输入的 3 条边不能构成一个三角形，提示用户输入数据有误。

　　例 3.10　输入 x，计算 y 的值。其中：

$$y = \begin{cases} x+1 & x < 0 \\ 2x-1 & x \geq 0 \end{cases}$$

这是一个二元一次方程分段求解的问题。分段求解，就是根据条件进行判断，符合哪种条件，就按相应的算式进行计算。在计算机编程语言中，对这类问题，需要通过条件判断语句实现。

程序如下：

```
x = eval(input("x= "))
if x < 0:
    y = x + 1
else:
    y = 2 * x - 1
print(y)
```

3.3.3　多分支选择结构

if 语句实现多分支选择结构的一般语法格式为：

```
if 表达式 1:
    语句块 1
elif 表达式 2:
    语句块 2
elif 表达式 3:
    语句块 3
…
elif 表达式 n:
    语句块 n
[else:
    语句块 n+1]
```

Python 程序设计结构(四)

多分支 if 语句的执行过程如图 3-5 所示。当表达式 1(条件 1)的值为 True 时，执行语句块 1，否则求表达式 2(条件 2)的值；当表达式(条件 2)的值为 True 时，执行语句块 2，否则求下一个表达式的值；以此类推。若表达式的值都为 False，则执行 else 后面的语句块 n+1。不管有几个分支，程序执行完一个分支后，其余分支将不再执行。

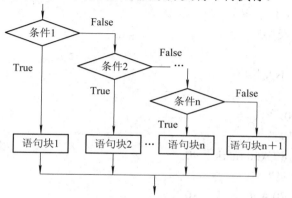

图 3-5　多分支选择结构

例 3.11　某购物超市节日期间举办购物打折的促销活动，优惠办法是：每位顾客当天一次性购物在 100 元以上者，按九五折优惠；在 200 元以上者，按九折优惠；在 300 元以上者，按八五折优惠；在 500 元以上者，按八折优惠。请根据顾客消费款数计算出优惠价格。

程序如下：

```
x =float(input("输入消费款数："))
if x < 100:
    y = x
elif x < 200:
    y = 0.95 * x
elif x < 300:
    y = 0.9 * x
elif x < 500:
    y = 0.85 * x
else:
    y = 0.8 * x
print("实际付款为：", y)
```

例 3.12　已知某课程的百分制分数 mark，将其转换为等级制(优、良、中、及格和不及格)的评定等级 grade。评定条件为：成绩在 90 分以上的为优秀，80 分以上且小于 90 分的为良好，70 分以上且小于 80 分的为中等，60 分以上且小于 70 分的为及格，60 分以下的为不及格。

根据评定条件，给出以下 3 种不同的实现方法(主要代码片段)，供读者分析对错。

方法一：

```
if mark >= 90:
    grade="优"
elif mark >= 80:
    grade="良"
elif mark >= 70:
    grade="中"
elif mark >= 60:
    grade="及格"
else:
    grade="不及格"
```

方法二：

```
if mark >= 90:
    grade="优"
elif mark >= 80 And mark < 90:
    grade="良"
elif mark >= 70 And mark < 80:
    grade="中"
```

```
        elif mark >= 60 And mark < 70:
            grade="及格"
        else:
            grade="不及格"
方法三：
    if mark >= 60:
        grade="及格"
    elif mark >= 70:
        grade="中"
    elif mark >= 80:
        grade="良"
    elif mark >= 90:
        grade="优"
    else:
        grade="不及格"
```

分析：方法一使用关系运算符"$>=$"，按分数从高到低依次比较；方法二使用关系运算符和逻辑运算符，表达式表示完整，语句不需要按分数从高到低依次比较书写；方法三使用关系运算符"$>=$"，按分数从低到高依次比较。这三种方法中，第一种和第二种方法正确，方法一较为常用，方法二的条件有冗余；方法三是错误的，只能得到"及格"或"不及格"的结果。问题原因请读者自行分析。

3.3.4　选择结构的嵌套

if 语句中可以再嵌套 if 语句。例如，有以下不同形式的嵌套结构。

语句一：
```
    if 表达式 1：
        if 表达式 2：
            语句块 1
        else:
            语句块 2
```
语句二：
```
    if 表达式 1：
        if 表达式 2：
            语句块 1
    else:
        语句块 2
```

根据对齐格式来确定 if 语句之间的逻辑关系。在第一个语句中，else 与第二个 if 配对，在第二个语句中，else 与第一个 if 配对。

为了使嵌套层次清晰明了，在程序的书写上常常采用缩进格式，即不同层次的 if-else

出现在不同的缩进级别上。在 Python 语言中，语句的缩进格式代表了 else 和 if 的逻辑配对关系，同时也增强了程序的可读性。

例 3.13　输入学生的成绩，根据成绩进行分类。85 分以上为优秀，70～84 分为良好，60～69 分为及格，60 分以下为不及格。

程序如下：

```python
g=float(input("输入学生成绩："))
if g>=60:
    if g>=70:
        if g>=85:
            print("优秀")
        else:
            print("良好")
    else:
        print("及格")
else:
    print("不及格")
```

例 3.14　输入 3 个数，输出其中最大数。

分析：求 3 个数中最大数的具体方法是，输入 3 个数到 x、y、z 后，先假定第一个数是最大数，即将 x 送到 max 变量，然后将 max 分别和 y、z 比较，将其中的大数送到 max 变量，两次比较后，max 的值即为 x、y、z 中的最大数。这里用嵌套的 if 结构来实现。

程序如下：

```python
x,y,z=eval(input("x,y,z=?"))
max=x
if z>y:
    if z>x:
        max=z
else:
    if y>x:
        max=y
print("The max is", max)
```

程序中嵌套使用了 if 语句，要特别注意 if 和 else 语句的配对关系。

3.3.5　条件运算

Python 的条件运算有 3 个运算量，其一般的语法格式为：

表达式 1 if 表达式 else 表达式 2

条件运算的运算规则是，先求 if 后面表达式的值，如果其值为 True，则求表达式 1，并以表达式 1 的值为条件运算的结果；如果 if 后面表达式的值为 False，则求表达式 2，并以表达式 2 的值为条件运算的结果。例如：

```
>>> x,y=40,30
>>> z=x if x>y else y
>>> z
40
```

如果条件 x>y 满足，则条件运算取 x 的值，否则取 y 的值，即取 x、y 中较大的值。

注意：条件运算构成一个表达式，它可以作为一个运算量出现在其他表达式中，但它不是一个语句。

使用条件运算表达式可以使程序简洁明了。例如，赋值语句"z=x if x>y else y"中使用了条件运算表达式，很简洁地表示了判断变量 x 与 y 的较大值并赋给变量 z 的功能，所以，使用条件运算表达式可以简化程序。

另外，条件运算的 3 个运算量的数据类型具有多样性。例如：

```
>>> i=45
>>>'a' if i else'A'
'a'
>>> i=0
>>> 'a' if i else 'A'
'A'
```

其中，i 是整型变量，若 i 的值为非 0，即代表 True，此时条件运算表达式的值为'a'，否则条件运算表达式的值为'A'。

例 3.15　生成 3 个 2 位随机整数，输出其中最大的数。

这里用条件运算表达式来实现，程序如下：

```
import random
x=random. randint (10, 99)
y=random. randint(10, 99)
z=random. randint(10,99)
max=x if x>y else y
max=max if max>z else z
print("x={0}, y={1},z={2}".format(x,y,z))
print("max=", max)
```

程序的一次运行结果如下：

```
x=82, y=15,z=32
max= 82
```

在例 3.14 和例 3.15 中介绍了求 3 个数中最大数的不同实现方法，这说明了程序实现方法的多样性。在学习过程中，需要不断总结，选择最简洁、效率最高的实现方法。

3.3.6　选择结构程序举例

对于在不同条件下要执行不同操作的问题就要使用选择结构。选择结构的执行是依据一定的条件选择程序的执行路径，程序设计的关键在于构造合适的分支条件和分析程序流程，根据不同的程序流程选择适当的分支语句。为了加深对选择结构程序设计方法的理解，下面再看几个例子。

例 3.16 输入一个整数，判断它是否为水仙花数。所谓水仙花数，是指这样的一些 3 位正整数：各位数字的立方和等于该数本身，例如 $153=1^3+5^3+3^3$，则 153 是水仙花数。

分析：关键的一步是先分别求 3 位整数的个位、十位、百位数字，再根据条件判断该数是否为水仙花数。

程序如下：

```
x=eval (input("输入测试的数字："))
a=x%10
b=(x//10)%10
c=x//100
if x==a*a*a+b*b*b+c*c*c:
    print("{0}是水仙花数".format(x))
else:
    print("{0}不是水仙花数".format(x))
```

程序运行结果如下：

```
输入测试的数字：153
153 是水仙花数
输入测试的数字：134
134 不是水仙花数
```

例 3.17 输入一个时间(小时:分钟:秒)，输出该时间经过 5 分 30 秒后的时间。

程序如下：

```
hour=int(input("请输入小时:"))
minute=int(input("请输入分钟:"))
second=int(input("请输入秒:"))
second+= 30
if second>=60:
    second=second-60
    minute+=1
minute+=5
if minute>=60:
    minute=minute-60
    hour+=1
if hour==24:
    hour=0
print(('{0: d}:{1: d}:{2: d}'.format (hour, minute, second)))
```

程序运行结果如下：

```
请输入小时:8
请输入分钟:12
```

请输入秒:56

8:18:26

例 3.18　某公司员工的工资计算方法如下：

(1) 工作时数超过 120 小时者，超过部分加发 15%；

(2) 工作时数低于 60 小时者，扣发 700 元；

(3) 其余按 84 元每小时计发。

输入员工的工号和该员工的工作时数，计算应发工资。

分析：为了计算应发工资，分两种情况，即工时数小于等于 120 小时和大于 120 小时。工时数超过 120 小时的，实发工资有规定的计算方法；工时数小于等于 120 小时的，分为大于 60 和小于等于 60 两种情况，分别有不同的计算方法。所以程序分为 3 个分支，即工时数＞120、60<工时数≤120 和工时数≤60，可以用多分支 if 结构实现，也可以用 if 的嵌套结构实现。

程序如下：

```python
gh,gs=eval(input("输入职工号和工时数："))
if gs>120:
    gz=gs*84+(gs-120)*84*0.15
else:
    if gs>60:
        gz=gs*84
    else:
        gz=gs*84-700
print("{0}号职工应发工资{1}".format(gh,gz))
```

例 3.19　输入年月，求该月的天数。例如，输入 "2012, 3"，则显示 31 天。

分析：用 year、month 分别表示年和月，day 表示每月的天数。考虑到以下两点。

(1) 每年的 1、3、5、7、8、10、12 月，每月有 31 天；4、6、9、11 月，每月有 30 天，闰年 2 月有 29 天，平年 2 月有 28 天。

(2) 年份能被 4 整除，但不能被 100 整除，或者能被 400 整除的年均是闰年。

程序如下：

```python
year=int(input("year="))
month=int(input("month="))
if month in(1,3,5,7,8,10,12):
    day=31
elif month in(4,6,9,11):
    day=30
else:
    logi=(year %4==0 and year %100!=0) or year%400==0
    day =29 if logi else 28
print(year, month, day)
```

程序运行结果如下：

```
year=2018
month=12
2018 1231
```

还可以使用 calendar 模块的 isleap()函数来判断闰年。例如：

```
>>> import calendar
>>> calendar.isleap(2014)
False
>>> calendar.isleap(2000)
True
```

3.4 循 环 结 构

Python 程序设计
结构(五)

在实际的应用中，可能会遇到这样的问题：某一段代码功能相对简单，但需要反复执行多次。例如，学校中统计每个学生的课程成绩、对 n 个数据进行排序、查找关键字等。对于这样的问题，如果用顺序结构的程序来逐个处理，将会是非常繁琐的。为此，Python 中提供了 for 语句和 while 语句来实现循环结构。循环语句产生一个语句序列，不断重复执行，直到某个特定的时刻才停止。

3.4.1 while 循环结构

while 循环结构就是通过判断是否满足循环条件来决定是否继续循环的一种结构。其特点是先判断循环条件，条件满足就执行循环。

while 循环的语法格式如下：

    while 表达式：
        循环体

其中，while 为关键字，后边的表达式将返回一个布尔值或返回能转换为布尔值的对象。程序首先计算该表达式的值，如果表达式返回 True，则执行循环体，然后程序跳转回 while 语句的第一行，重新计算表达式的值，直到表达式返回 False 时跳出 while 循环，执行后面的语句。循环体每执行一次，被称为这个循环的一次迭代。图 3-6 所示为 while 语句的流程图。

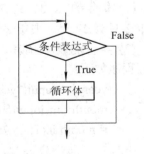

图 3-6 while 语句流程图

例 3.20 计算 $1+2+3+\cdots+100$。

分析：观察这个算式会发现，每个数据项的差值为 1，即 $x_{i+1} = x_i+1$，由当前项的值可以推出下一项的值。求和的步骤是不变的，只是参与计算的数据项值在改变。这样，求和的步骤就可以用循环实现，在循环过程中改变参与求和的数值即可。

程序如下：

```
n=1
s=0
while n<=100:
    s=s+n
    n=n+1
print("s=",s)
```

例 3.21　从键盘上输入字符(一次只输入一个字符)，对输入的字符进行计数，当输入的字符为"?"时，停止计数，计算输入的字符个数并显示(不包括最后的"?")。

分析：每次输入一个字符，统计字符个数的过程都是一样的，这部分就可以通过循环实现。判断循环的条件就是检测输入的字符是否为"?"。

程序如下：

```
counter = 0
ch = input("请输入第一个字符，每输入一个字符后回车：")
while ch != '?':
    counter = counter + 1
    ch = input("请输入下一个字符，输入后回车：")
print("输入的字符个数为：",counter)
```

在使用 while 循环语句时，应注意以下几点：

(1) while 循环语句先对"表达式"进行测试，然后才决定是否执行循环体，只有在"表达式"为 True 时才执行循环体。如果"表达式"从一开始就为假，则一次循环体也不执行。例如：

```
while 1!=1
    循环体
```

条件"1!= 1"永远为 False，因此不执行循环体。当然，这样的语句没有什么实用价值。

(2) 如果表达式总是 True，则不停地重复执行循环体。例如：

```
flag = 1
while flag
    循环体
```

这种情况被称为"死循环"。在此情况下，程序运行后，只能通过人工干预的方法或由操作系统强迫其停止执行。死循环是程序设计中容易出现的严重错误，应当尽量避免。

(3) 开始时对表达式进行测试，如果为 True，则执行循环体；执行完一次循环体后，再测试表达式，如为 True，则继续执行……直到表达式不为 True 为止。也就是说，当表达式最初出现 False 时，或是以某种方式执行循环体，使得表达式的值最终出现 False 时，while 循环才能终止。在正常的 while 循环中，循环体的执行应当能使表达式的值改变，否则就可能出现死循环。

例 3.22　使用 while 语句编写程序，判断一个自然数是否素数。

算法思想："素数"是指除了 1 和该数本身，不能被任何整数整除的正整数。判断一个整数 $n(n > 1)$是否素数，只要依次用 $2 \sim \sqrt{n}$ 作除数去除 n，若 n 不能被其中任何一个数整除，则 n 为素数；否则，n 不是一个素数。

程序如下：

```
import math
n = int(input("请输入一个要测试的大于 1 的正整数："))
flag = 0
i = 2
while (i <= int(math.sqrt(n))) and (flag == 0):
    r = n % i
    if r == 0:
        flag = 1
    else:
        i = i + 1
if flag == 0:
    print( "是素数")
else:
    print("不是素数")
```

说明：flag 是一个标志，开始设置为 0，是假设要测试的数值是素数，然后通过后面的循环过程测试其正确性，如测试后其值不变，则证明假设成立，否则假设不成立。在程序设计中，预先设置一个标志量，再通过后面的程序段进行验证，是经常使用的一种做法。

3.4.2　for 循环结构

Python 程序设计
结构(六)

有一种很重要的循环结构是已知重复执行次数的循环，通常称为计数循环。一般程序设计语言都提供了相应的语句来实现计数循环。Python 中的 for 循环是一个通用的序列迭代器，可以遍历任何有序的序列对象的元素。for 语句可用于字符串、列表、元组及其他内置可迭代对象。

for 语句的语法格式为：

　　for　目标变量 in　序列对象：

　　　　循环体

for 语句的首行定义了目标变量和遍历的序列对象，后面是需要重复执行的循环体，语句块中的语句要向右缩进，且缩进量要一致。

for 语句的执行过程是：将序列对象中的元素逐个赋值给目标变量，对每一次赋值都执行一遍循环体。当序列被遍历，即每一个元素都用过了，则结束循环，执行 for 语句的下一条语句。执行过程如图 3-7 所示。

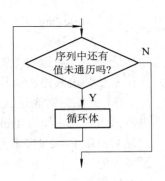

图 3-7　for 语句流程图

注意：

(1) for 循环的循环次数显然就是序列中元素的个数，即序列的长度。可以利用序列长度来控制循环次数，这时关注的不是序列元素的值，而是元素的个数，如例 3.23 所示。

例 3.23　从键盘输入 10 个数，然后求它们的和。

程序如下：

```
s=0
for k in [1,2,3,4,5,6,7,8,9,10]:
    x=int(input("输入第"+ str(k) + "个数："))
    s+=x
print("输入的十个数字的和= ",s)
```

(2) 目标变量的作用是存储每次循环所引用的序列元素的值，在循环体中也可以引用目标变量的值。在这种情况下，目标变量不仅能控制循环次数，而且直接影响循环体中的运算量。

程序如下：

```
s=0
for k in [1,2,3,4,5,6,7,8,9,10]:
    s+=k
print("s=",s)
```

程序运行结果如下：

```
s=55
```

(3) 可以在 for 循环体中修改目标变量的值，但当程序执行流程再次回到循环开始时，目标变量就会自动被设成序列的下一个元素。退出循环之后，该变量的值就是序列中最后的元素。

分析下列程序的运行结果。

程序如下：

```
for x in[1,2,3,4]:
    print("存放序列元素的 x=",x)
    x=20
    print("修改后的 x=",x)
print("退出 for 循环后的 x=",x)
```

程序运行结果如下：

```
存放序列元素的 x=1
修改后的 x=20
存放序列元素的 x=2
修改后的 x=20
存放序列元素的 x=3
修改后的 x=20
存放序列元素的 x=4
修改后的 x=20
退出 for 循环后的 x=20
```

在 Python 中，可以使用内置函数 range() 来产生一个序列。Range( )函数的原型为 range([start,]end[,step])，用于产生 start 到 end 之间的整数序列。参数必须是整数类型。start

可以省略，省略时值为 0。end 表示序列的终值(产生的序列值不包括 end)。step 表示序列的步长，可以省略，默认值是 1。

程序如下：

```
for i in range(5):
    print(i,end=' ')
```

程序运行结果如下：

```
0 1 2 3 4
```

例 3.24　编写程序，使用 for 语句计算 1+2+3+…+100 的和。

程序如下：

```
sum=0
for i in range(1,101,1):
    sum=sum+i
print("1+2+3+…+100= ",sum)
```

例 3.25　输入 20 个数，求出其中的最大数与最小数。

分析：先假设第一个数就是最大数或最小数，再将剩下的 19 个数与到目前为止的最大数、最小数进行比较，比完 19 次后即可找出 20 个数中的最大数与最小数。

程序如下：

```
max=int(input("输入第一个数： "))
min=max
for i in range(2,21,1):
    x= int(input("输入下一个数： "))
    if max<x:
        max=x
    if min>x:
        min=x
print("max={0},min={1}".format(max,min))
```

例 3.26　将一个字符串中的字符按逆序打印出来。

分析：先输出字符串的最后一个字符，且不换行，然后输出倒数第 2 个字符，同样不换行，一直到第 1 个字符，利用 for 循环控制字符索引编号，循环赋值目标变量从 0 变化到字符串的长度。取字符串的长度可以利用 len()函数。

程序如下：

```
s1=input ("please enter a string:")
for i in range(0,len(s1)):
    print (s1[len(s1)-1-i],end=")
```

程序运行结果如下：

```
please enter a string:ABCDEF
FEDCBA
```

例 3.27　从键盘输入几个数字，用逗号分隔，求这些数字之和。

分析：输入的数字作为一个字符串来处理，首先分离出数字串，再转换成数值，这样就能求和。

程序如下：

```
s=input('请输入几个数字(用逗号分隔:)')
d=s.split(',')
print(d)
sum=0
for x in d:
        sum+=float(x)
print('sum=', sum)
```

程序运行结果如下：

```
请输入几个数字(用逗号分隔):1,2,3,4,5
['1', '2', '3', '4', '5']
sum= 15.0
```

3.4.3　循环控制语句

循环控制语句可以改变循环的执行路径。Python 支持以下循环控制语句：break 语句、continue 语句和 pass 语句。

1. break 语句

break 语句用于中断当前循环的执行，跳出循环结构。对于包含 else 子句的 while 循环和 for 循环，在 while 或 for 子句中一旦执行 break 语句，else 子句将没有机会执行。

例 3.28　编写程序，随机产生色子的一面(数字 1～6)，给用户 3 次猜测机会，程序给出猜测提示(偏大或偏小)。如果某次猜测正确，则提示正确并中断循环；如果 3 次均猜错，则提示机会用完。

分析：使用随机函数产生随机整数，设置循环初值为 1，循环次数为 3，在循环体中输入猜测并进行判断，如果猜正确了，则使用 break 语句中断当前循环。

程序如下：

```
import random
point=random.randint(1, 7)
count=1
while count<=3:
    guess=int(input("请输入您的猜测："))
    if guess>point:
        print("您的猜测偏大")
    elif   guess<point:
        print("您的猜测偏小")
    else:
        print("恭喜您猜对了")
        break
```

```
            count=count+1
        else:
            print("很遗憾，三次全猜错了！")
```

2. continue 语句

与 break 语句不同，continue 语句用于中断本次循环的执行，进入下一轮循环，判断条件是否满足。

例 3.29 编写程序，从键盘输入一段文字，如果其中包括"密"字(可能出现 0 次、1 次或者多次)，则输出时过滤掉该字，其他内容原样输出。

分析：从键盘输入的一段文字为字符串，可以使用 for 循环依次取出其中的每个字，然后通过 if 语句进行判断，如果有"密"字，则使用 continue 语句跳出本次循环(不输出该字)，进入下一轮输入，进行循环条件的判断。

程序如下：

```
        sentente=input("请输入一段文字：")
        for word in sentente:
            if word=="密":
                continue
            print (word, end="")
```

例 3.30 编写程序，从键盘输入密码，如果密码长度小于 6，则要求重新输入。如果长度等于 6，则判断密码是否正确，如果正确则中断循环，否则提示错误并要求继续输入。

分析：因为程序没有规定执行次数，所以循环条件设置为恒真，首先判断输入长度，如果输入长度过短，则直接使用 continue 语句中断本轮循环并进入下一轮输入；如果输入长度正确，则进行密码判断，如果密码正确则使用 break 语句中断循环，否则提示错误并进入下一轮输入。

程序如下：

```
while 1:
        password=input("请输入密码：")
        if len (password)<6 or len (password)>6:
            print("长度为 6 位，请重试！")
            continue
        if password=="123456":
            print("恭喜您，密码正确！")
            break
        else:
            print("密码有误，请重试！")
```

3. pass 语句

pass 语句是一个空语句，它不做任何操作，代表一个空操作。pass 语句用于某些场合在语法上需要一个语句但实际却什么都不做的情况，相当于一个占位符。例如，循环体可以包含一个语句，也可以包含多个语句，但是却不可以没有任何语句，如果只是想让程序循环一定次数，但循环过程什么也不做，就可以使用 pass 语句。例如：

```
for x in range(10): pass
```

该语句的确会循环 10 次，但是除了循环本身之外，它什么也没做。

3.4.4　else 子句

for、while 语句可以附带一个 else 子句(可选)，如果 for、while 语句没有被 break 语句中止，则会执行 else 子句，否则不执行。其语法格式如下：

```
for 变量 in 对象集合:
    循环体语句(块)1
else:
    语句(块)2
```

或者：

```
while 条件表达式:
    循环体语句(块)1
else:
    语句(块)2
```

例 3.31　使用 for 语句的 else 子句示例。

程序如下：

```
hobbies=""
for i in range(1,4):
    s=input("请输入爱好之一(最多三个，按 Q 或 q 结束)：")
    if s.upper()=="Q" or s.upper()=="q":break
    hobbies +=s+" "
else:
    print("您输入了三个爱好。")
print("您的爱好为：",hobbies)
```

3.4.5　循环的嵌套

如果一个循环结构的循环体中又包括一个循环结构，就称为循环的嵌套，或称为多重循环结构。经常用到的是二重循环和三重循环。在多重循环结构中，处于内部的循环称为内循环，处于外部的循环称为外循环。如果在多重循环中使用了 break 语句，将停止执行所在层的循环体，返回执行外循环体。

在设计多重循环时，要特别注意内循环和外循环之间的嵌套关系，以及各语句放置的位置。循环的总次数等于内外层次数之积。

例如：

```
for i in range(1,3):
    for j in range(1,4):
        print(i*j,end=" ")
```

当外层循环变量 i 的值为 1 时，内层循环 j 的值从 1 开始，输出 i*j 的值并依次递增，因此输出"123"，内层循环执行结束；然后回到外层循环，i 的值递增为 2，内层循环变量 j 的值重新从 1 开始，输出 i*j 的值，并依次递增，输出"246"。因此，程序的运行结果为"123246"。

例 3.32 编写程序，使用双重循环输出"九九"乘法表。

分析：由于需要输出 9 行 9 列的二维数据，因此需要使用双重循环，外层循环用于控制行数，内层循环用于控制列数。为了规范输出格式，可以使用 print 语句的格式控制输出方式。其中，"\t"的作用是跳到下一个制表位。

程序如下：

```
for i in range(1, 10):
    for j in range(1,10):
        print("%s*%s=%2s"%(i,j,i*j),end="\t")
    print("\n")
```

如果要输出一个三角形的"九九"乘法表，则需要将第 2 行的语句修改为"for j in range(1,i+1):"。

例 3.33 编写程序，使用双重循环输出如图 3-8 所示的三角形图案。

```
        *
      * * *
    * * * * *
  * * * * * * *
* * * * * * * * *
```

图 3-8 三角形图案

分析：观察可知图形包含 5 行，因此外层循环执行 5 次；每行内容由三部分组成：第一部分为空格，第二部分为星号，第三部分为回车换行符。分别通过两个 for 循环和一条 print 语句实现。

程序如下：

```
for i in range(1, 6):
    for j in range(5-i):
        print(" ",end=" ")
    for j in range(1,2*i):
        print("*",end=" ")
    print ("\n")
```

3.4.6 循环结构程序举例

循环结构的基本思想是重复，即利用计算机运算速度快以及能进行逻辑判断的特点，重复执行某些语句，以满足复杂的计算要求。这是程序设计中最能发挥计算机特长的程序结构，对培养

Python 程序设计结构(七)

程序设计能力非常重要。下面看一些程序示例。

例 3.34　编写程序，用下面的公式计算 π 的近似值，直到最后一项的绝对值小于 10^{-6} 为止。

$$\frac{\pi}{4} \approx 1 - \frac{1}{3} + \frac{1}{5} - \frac{1}{7} + \frac{1}{9} + \cdots$$

分析：由 π 的计算公式可知，分子为 1，分母是 1，3，5，7，…，每一项分母比前一项多 2，符号与前一项相反。循环变量可针对分母处理，初值为 1。先计算等号右边的值，然后再乘以 4 即可。

程序如下：

```python
import math
n=1
t=1
total=0
flag=1
while math.fabs(t)>=1e-6:
    total +=t
    flag=-flag
    n+=2
    t=flag*1.0/n
print("n=%f" %(total*4))
```

例 3.35　输出[100,1000]以内的全部素数。

分析：程序可分为以下两步进行：

(1) 判断一个数是否为素数。

(2) 判断一个数是否为素数的程序段，将对指定范围内的每一个数都执行一遍，即可求出某个范围内的全部素数。这种方法称为穷举法，也叫枚举法，即首先依据题目的部分条件确定答案的大致范围，然后在此范围内对所有可能的情况逐一验证，直到验证完全部情况。若某个情况经验证后符合题目的全部条件，则为本题的一个答案。若全部情况经验证后均不符合，则本题无解。穷举法是一种重要的算法设计策略，可以说是计算机解题的一大特点。

程序如下：

```python
import math
n=0
for m in range(101,1000,2):
    i,j=2, int(math.sqrt(m))
    while i<=j:
        if not(m%i):
            break
        else:
            i=i+1
```

```
            else:
                print(m,end="   ")
                n+=1                        #n 统计素数个数
                if n%10==0:print("\n")      #一行输出 10 个素数
```

关于本程序再说明 3 点：

(1) 注意到大于 2 的素数全为奇数，所以 m 从 101 开始，每循环一次，m 值加 2。

(2) n 的作用是统计素数的个数。控制每行输出 10 个素数。

(3) 本例中判断素数的程序段较之前又有了变化，只是想说明，程序的实现方法是千变万化的，但算法设计的基本思路是共通的，读者应抓住算法的核心，以不变应万变。

例 3.36 验证哥德巴赫猜想：任何大于 2 的偶数，都可表示为两个素数之和。

分析：哥德巴赫猜想是一个古老的著名的数学难题，至今未得出最后的理论证明。这里只是对有限范围内的数用计算机加以验证，不是严格的证明。

思路：读入偶数 n，将它分成 p 和 q，使 n=p+q。p 从 2 开始(每次加 1)，q=n-p。若 p、q 均为素数，则输出结果，否则将 p+1 后再试。

程序如下：

```
        import math
        n=int(input("输入一个偶数："))
        p,fp,fq=1,0,0
        while fp==0 or fq==0:
            p+=1
            if p>n/2: break
            q=n-p
            fp=1                    #判断 p 是否为素数
            for j in range(2,int(math.sqrt(p))+1):
                if p%j==0:fp=0
            fq=1                    #判断 q 是否为素数
            for j in range(2, int (math. sqrt (q))+1):
                if q%j==0: fq=0
        if fp and fq:
            print("{0}={1}+{2}".format(n,p,q))
        else:
            print(" The try is failed.")
```

在程序中，外循环由 while 语句实现，其循环的重复次数是不固定的。它依赖于 fp 和 fq 是否同时为 1。当 fp 和 fq 同时为 1 时，结束循环，验证成功；当 p 的值大于 n/2 时，退出 while 循环，说明验证失败。

在 while 循环中包括两个并列的内循环，它们都是由 for 语句实现的，循环的终值分别与 p 和 q 的值有关，也可以说是依赖于外循环的，因为外循环在每次重复时 p 和 q 的值也相应改变了。

程序还有可以改进的地方。在判断一个数是否为素数时，不一定必须从 2 测试到它的平方根。如果中途发现它已被一个数整除，可以立刻结束循环，确定它不是素数。另外，在确定 p 已不是素数时，没有必要再判断 q 是否为素数，可以马上将 p 加 1 后再判断。程序的改进留给读者完成。

例 3.37 将 1 元钱换成 1 分、2 分、5 分的硬币有多少种方法？

分析：设 x 为 1 分硬币数，y 为 2 分硬币数，z 为 5 分硬币数，则有如下方程：

$$x + 2y + 5z = 100$$

可以看出，这是一个不定方程，没有唯一的解。这类问题无法使用解析法求解，只能将所有可能的 x、y、z 值一个一个地去测试，看是否满足上面的方程，如满足则求得一组解。和前面介绍过的求素数问题一样，程序也采用穷举法。使用穷举法的关键是正确确定穷举的范围。如果穷举的范围过大，则程序的运行效率将降低。分析问题可知，最多可以换出 100 个 1 分硬币，最多可以换出 50 个 2 分硬币，最多可以换出 20 个 5 分硬币。所以 x 的可能取值为 0～100，y 的可能取值为 0～50，z 的可能取值为 0～20。据此可以恰当地确定穷举的范围。

下面的程序使用三重 for 循环：

```
count=0
for x in range(101):
    for y in range(51):
        for z in range(21):
            if x+2*y+5*z==100:
                print("x={0},y={1},z={2}".format(x,y,z))
                count+=1
print("there are {0} methods.".format(count))
```

实际上，x、y、z 中任意两个变量的值确定以后，可以直接计算出第 3 个变量的值，从而可用两重循环来实现。为提高程序的执行效率，应尽量减少循环次数。采用两重循环，y 和 z 由循环变量控制，x 由 y 和 z 确定，改进的程序如下：

```
count=0
for y in range(51):
    for z in range(21):
        x=100-2*y-5*z
        if x>=0:
            print("x={0},y={1},z={2}".format(x,y,z))
            count+=1
print("there are {0} methods.".format(count))
```

例 3.38 翻译密码。为了保密，不采用明码电文，而用密码电文，按事先约定的规律将一个字符转换为另一个字符，收报人则按相反的规律转换得到原来的字符。例如，将字母 "A" 转换为 "F"，B" 转换为 "G"，"C" 转换为 "H"，即将一个字母转换为其后第 5 个字母。例如，"He is in Beijing" 应转换为 "Mj nx ns Gjnonsl"。

分析：依次取电文中的字符，对其中的字母进行处理，对字母之外的字符维持原样。取字母的 ASCII 码，加上 5，再按其 ASCII 码转换为另一个字母。还有一个要处理的问题，当字母为"V"时，加 5 超过字母"Z"的 ASCII 码，故应使之转换为"A"，同理，"W" → "B"，"X" → "C"，"Y" → "D"，"Z" → "E"。

程序如下：

```
line1=input("输入明文：")
line2=""
for c1 in line1:
    if c1.isalpha():
        i=ord(c1)
        j=i+5
        if (j>ord('z') or (j>ord('Z') and j<ord('Z')+6)):j-=26
        c2=chr(j)
        line2+=c2
    else:
        line2+=c1
print(line2)
```

程序中以 line1 代表未翻译的原码，line2 为译后的密码，c1 为 line1 中的一个字母，c2 为对应于 c1 的密码字母，当 ASCII 码超过字母"Z"或"z"的 ASCII 码时，表示密码字母应在 A～E 或 a～e 之间，即将 ASCII 码值减去 26 即可。

程序运行结果如下：

Windows!
Bnsitbx!

习题 3

一、单选题

1. 执行下列 Python 语句后产生的结果是(　　)。

```
x=2; y=2
if(x==y): print("Equal")
else: print("Not Equal")
```

　　A. Equal　　　　　B. Not Equal　　　C. 编译错误　　　D. 运行时错误

2. 执行下列 Python 语句后产生的结果是(　　)。

```
i=1
if (i): print (True)
else: print (False)
```

　　A. 输出 1　　　　　B. 输出 True　　　C. 输出 False　　　D. 编译错误

3. 用 if 语句表示如下分段函数 f(x)，下面程序不正确的是(　　)。

$$f(x) = \begin{cases} 2x + 1 & x \geqslant 1 \\ \dfrac{3x}{x-1} & x < 1 \end{cases}$$

A. if(x>=1): f=2*x+1　　　　　　B. if(x>=1): f=2*x+1
　　f=3*x/(x−1)　　　　　　　　　　if(x<1): f=3*x/(x−1)

C. f=3*x/(x−1)　　　　　　　　　D. if(x<1):f=3*x/(x−1)
　　if(x>=1):f=2*x+1　　　　　　　　else: f=2*x+1

4. 下列 if 语句统计满足 "性别(gender)为男、职称(rank)为副教授、年龄(age)小于 40 岁" 条件的人数，正确的语句为(　　)。

　　A. if(gender== "男" or age <40 and rank== "副教授"):n+=1

　　B. if(gender== "男" and age＜40 and rank== "副教授"):n+=1

　　C. if(gender== "男"and age <40 or rank== "副教授"):n+=1

　　D. if(gender== "男"or age＜40 or rank== "副教授"):n+=1

5. 下列程序段求两个数 x 和 y 中的大数，不正确的是(　　)。

　　A. maxnum=x if x>y else y

　　B. maxnum=math.max(x,y)

　　C. if(x>y): maxnum=x
　　　　else: maxnum =y

　　D. if(y>=x): maxnum=y
　　　　maxnum=x

6. 下列的 if 语句统计 "成绩(score)优秀(90 以上)的男生以及不及格(小于 60)的男生" 的人数，正确的语句为(　　)。

　　A. if(gender=="男" and score<60 or score>=90): n+=l

　　B. if(gender=="男" and score<60 and score>=90): n+=l

　　C. if(gender=="男" and (score<60 or score>=90)): n+=l

　　D. if(gender=="男" or score<60 or score>=90): n+=l

7. 在 Python 中，实现多分支选择结构的较好方法是(　　)。

　　A. if 嵌套　　　　　B. if　　　　　　C. if-elif-else　　　D. if-else

8. 下列语句执行后的输出是(　　)。

```
if 2:
    print(5)
else:
    print(6)
```

　　A. 2　　　　　　　　B. 0　　　　　　　C. 5　　　　　　　D. 6

9. 下列 Python 程序的运行结果是(　　)。

```
x=0
y=True
print(x>y and 'A'<'B')
```

　　A. false　　　　　　B. True　　　　　　C. true　　　　　　D. False

10. 下列 Python 循环体执行的次数与其他不同的是(　　)。

    A. i=0

        while(i<=10):

            print(i)

            i=i+1

    B. i=10

        while(i>0):

            print(i)

            i=i-1

    C. for i in range(10):

            print(i)

    D. for i in range(10, 0, -1)

            print(i)

11. 以下 for 语句结构中，不能完成 1~10 的累加功能的是(　　)。

    A. for i in range(10,0): total+=i

    B. for i in range(1,11): total+=i

    C. for i in range(10,0,-1): total+i

    D. for i in(10,9,8.7.6.5,4,3,2,1): total+=i

二、填空题

1. 下列 Python 语句的运行结果是＿＿＿＿＿＿。

    x=True

    y=False

    z=False

    print(x or y and z)

2. 当 x=0，y=50 时，语句 z=x if x else y 执行后，z 的值是＿＿＿＿＿＿。

3. Python 无穷循环 while True 的循环体中可用＿＿＿＿＿＿语句退出循环。

4. Python 语句"for i in range(1,21,5): print(i,end=' ')"的输出结果为＿＿＿＿＿＿。

5. Python 语句"for i in range(10,1,-2): print(i,end=' ')"的输出结果为＿＿＿＿＿＿。

6. 循环语句"for i in range(-3,21,4):"的循环次数为＿＿＿＿＿＿。

7. 要使语句"for i in range(,4,-2):"循环执行 15 次，则循环变量 i 的初值应当为＿＿＿＿＿＿。

8. 执行下列 Python 语句后的输出结果是＿＿＿＿＿＿，循环执行了＿＿＿＿＿＿次。

    i=-1

    while(i<0): i*=i

    print(i)

9. 下列 Python 语句的运行结果为＿＿＿＿＿＿。

    x=True

    y=False

    z=True

```
if not x or y: print(1)
elif not x or not y and z: print(2)
elif not x or y or not y and x: print(3)
else: print(4)
```

三、编程题

1. 编写程序，计算并输出 4 个数的和及平均值。

2. 自由落体位移公式如下：

$$s = \frac{1}{2}gt^2 + v_0t$$

其中，v_0 为初始速度，g 为重力加速度，t 为经历的时间。

编写程序，求位移量 s。

设 v_0=4.8 m/s，t=0.5 s，g=9.81 m/s^2，在程序中把 g 定义为常量，输入 v_0 和 t 两个变量的值。

3. 我国现有人口 14 亿，设年增长率为百分之一，编程计算多少年后增加到 30 亿。

4. 编写程序，计算 1+3+5+…+99。

5. 编写程序，计算 1−3+5−7+9−11+… 的前 100 项。

6. 求 a+aa+aaa+aaaa+…+aa…a(n 个)，其中 a 为 1~9 之间的整数。

(1) 当 a=1，n=3 时，求 1+11+111 之和；

(2) 当 a=5，n=6 时，求 5 + 55 + 555 + 5555 + 55555 + 555555 之和。

7. 找出 2~10000 之内的所有完全数。所谓完全数，即其各因子之和正好等于该数本身。如 6=1+2+3，28=1+2+4+7+14，所以 6 和 28 都是完全数。

8. 孙子定理是中国古代求解一次同余式组的方法，是数论中一个重要定理，又称中国余数定理或中国剩余定理。一元线性同余方程组问题最早可见于中国南北朝时期(公元 5 世纪)的数学著作《孙子算经》卷下第二十六题，即"物不知数"问题，原文为"有物不知其数，三三数之剩二，五五数之剩三，七七数之剩二。问物几何"，即一个整数除以三余二，除以五余三，除以七余二，求这个整数。《孙子算经》中首次提到了同余方程组问题以及以上具体问题的解法，因此在中文数学文献中也会将中国剩余定理称为孙子定理。

编程计算满足孙子定理的整数。

9. 我国古代数学家张丘建在《算经》一书中提出的数学问题为：鸡翁一值钱五，鸡母一值钱三，鸡雏三值钱一。百钱买百鸡，问鸡翁、鸡母、鸡雏各几何。

编程实现计算百钱买百鸡问题。

10. 在我国明代数学家吴敬所著的《九章算术比类大全》中，有一道数学名题叫"宝塔装灯"，内容为"远望巍巍塔七层，红灯点点倍加增；共灯三百八十一，请问顶层几盏灯。"(倍加增指从塔的顶层到底层)，请你算出塔的顶层有几盏灯。

编程实现"宝塔装灯"中塔的顶层有几盏灯。

第4章　特征数据类型

4.1　列　　表

在许多实际应用中，需要存储或操作一组数据，而有时无法预先判断这组数据的数目，且预先定义一定数目的独立变量并不现实，所以就需要采用某种方法将所有数据并入某种单一对象中。这里借鉴数学中序列的思想，把包含 n 个数值的序列 $\{s_0,s_1,s_2,\cdots,s_{n-1}\}$ 称为 s，通过元素的下标来对元素进行指代。例如，序列中的第一个元素的下标为 0，即 s_0。

Python 列表数据类型(一)

Python 提供了列表(list)数据类型来存储由多个值组成的序列。在列表中，值可以是任何数据类型，称为元素(element)或项(item)。

Python 的列表是有序的。通过列表数据类型，可以用单个变量来表达整个数据序列，并且序列中任意成员都可以通过其在序列中表示排序位置的下标来进行访问。换句话说，Python 对列表数据类型中的所有成员按序编号，称为索引，从而实现对成员的访问和修改。列表中的每个元素都分配一个数字用于表示它的位置或索引，第一个元素的索引是 0，第二个元素的索引是 1，以此类推。例如，某数值序列被存储为变量 s，则可使用如下循环计算序列中所有数值的和：

```
sum=0
for i in range(n):
    sum=sum+s[i]
```

Python 的列表是动态的，可以自由改变列表的长度，并且列表中的元素可以是"异构"的，可以将任何类型的数据混合放入单个列表中。

4.1.1　创建列表

将逗号分隔的不同数据项使用方括号"[ ]"括起来即可创建列表。例如：

```
>>>list1=['语文','数学',2019,2010]
>>>list2=[1,2,3,4,5]
```

>>>list3=['a', 'b', 'c', 'd', 'e']

列表允许嵌套，也就是说列表中的成员还可以是列表。例如：

>>>list4=[1, 's',['0', '1'],5]

>>>list5=[]   #定义一个空列表

4.1.2 列表的基本操作

列表的基本操作见表4-1。

表 4-1 列表的基本操作

操 作	含 义
<seq>[i]	索引(求<seq>中位置索引为 i 的元素)
<seq>[i:j]	分片(求<seq>的位置索引为 i, i + 1，…，j–1 的子列表)
<seq1>+<seq2>	将<seq1>和<seq2>连接
<seq>*<int-expr>或<int-expr>*<seq>	将<seq>复制<int-expr>次
len(<seq>)	求<seq>的长度
for <var> in <seq>:	对<seq>中元素循环
<expr> in <seq>	查找<expr>是否在<seq>中，返回值为布尔类型
del <seq>	删除列表
del <seq>[i]	删除列表中位置索引为 i 的元素
max <seq>	求列表中的最大值
min <seq>	求列表中的最小值

分片(slice)是取出序列中某一范围内的元素，从而得到一个新的序列。分片的形式为 list[i:j:k]，其中，i 为起始位置索引(含)，默认为 0；j 为终止位置索引(不含)，默认至序列尾；k 为分片间隔，默认为 1。i、j、k 使用默认值时可省略，只保留冒号。

使用下标索引来访问列表中的值，即使用方括号的形式获得列表分片，例如：

>>>list1=['语文', '数学',2019,2010]

>>>print('list1[0]:',list1[0])

list1[0]: 语文

例 4.1 列表分片举例。

程序如下：

list2=[1,2,3,4,5,6,7]

print('list2[1:5]:',list2[1:5])

L1=[1,2,3,4,5,6,7,8,9,10,11]

print(L1[0:2])   #取区间[i,j]，左闭右开

print(L1[:2])   #同上，可省略第 1 位

print(L1[2:])   #取第 2 个位置以后的序列值

print(L1[:])   #取全部序列

```
print(L1[::2])          #取列表中索引间隔为 2 的位置值
print(L1[0:7:2])
print(L1[7:0:-2])       #注意步长为负值，就从索引 7 开始到索引 1 倒序，步长为 2
```

程序运行结果如下：

```
list2[1:5]: [2, 3, 4, 5]
[1, 2]
[1, 2]
[3, 4, 5, 6, 7, 8, 9, 10, 11]
[1, 2, 3, 4, 5, 6, 7, 8, 9, 10, 11]
[1, 3, 5, 7, 9, 11]
[1, 3, 5, 7]
[8, 6, 4, 2]
```

列表的成员检查示例如下：

```
>>>lst=[1,2,3,4]
>>>3 in lst
True
>>5 in lst
False
```

与字符串不同，列表中的元素是可以修改的。

例 4.2 列表元素的更改举例。

```
>>>lst=[1,2,3,4]
>>>lst[3]
4
>>>lst[3]="Hello"
>>>lst
[1,2,3, "Hello"]
>>>lst[2]=7
>>>lst
[1,2,7, "Hello"]
>>>lst[1:3]=["Slice", "Assignment"]
>>>lst
[1, "Slice", "Assignment","Hello"]
```

由例 4.2 可见，Python 的列表是非常灵活的，本例展示了如何利用分片一次性修改列表中的一连串元素。

使用运算符"*"和"+"可分别对列表中的元素进行复制或拼接，例如：

```
>>>zeroes=[0]*6
>>>print(zeroes)
[0,0,0,0,0,0]
```

```
>>>len(zeroes)
6
>>>print(2*[a]+[c]*3)
[a,a,c,c,c]
```

对列表中元素循环操作可实现列表元素求和。

例 4.3　列表元素求和举例。

程序如下：

```
s=[1,2,3,4,5,6,7,8,9]
sum=0
for i in s:
    sum=sum+i
print("sum is ",sum)
```

程序运行结果如下：

```
sum is 45
```

4.1.3　更多列表操作

Python 列表数据类型(二)

更多列表操作介绍如下：

list.append(x)：在列表的末尾添加元素"x"，等价于 list[len(list):]=[x]。

list.extend(L)：在列表末尾加入指定列表"L"中的所有元素，等价 list[len(list):]=L。

list.insert(i,x)：在给定位置插入元素，即在位置"i"处插入"x"，其余元素依次向后退。因此，list.insert(0,x)意味着在列表的首部插入元素，而 list.insert(len(list),x)等价 list.append(x)。

list.remove(x)：删除列表中第一个值为"x"的元素，若该元素不存在则出错。

list.pop([i])：删除列表中给定位置"i"处的元素，并返回该元素，若不指定索引值(list.pop)，则移除并返回列表中的最后一个元素。

list.clear()：删除列表中的所有元素，等价 del list [:]。

list.index(x)：返回列表中值为"x"的元素的位置索引，若该元素不存在则出错。

list.count(x)：返回"x"在列表中出现的次数。

list.sort(key=None, reverse=False)：对列表中的元素排序，默认为升序。

list.reverse()：将列表中元素的顺序反转。

list.copy()：返回列表的浅复制，等价 list[:]。(注：浅复制是不另外分配内存，两个列表占用同一个内存地址)

例 4.4　列表操作举例。

程序如下：

```
>>>a=[66.25,333,333,1,1234.5]
>>>print(a.count(333), a.count(66.25), a.count('x'))
2 1 0
>>>a.insert(2,-1)              #在索引 2 位置插入−1
>>>a.append(333)
```

```
>>>a
(66.25,333,-1,333,1,1234.5,333)
>>>a.index(333)            #返回第一次出现 333 的位置
1
>>>a.remove(333)
>>>a
[66.25,-1,333,1,1234.5,333]
>>>a.reveres()             #反序
>>>a
[333,1234.5,1,333,-1,66.25]
>>>a.sort()
>>>a
[-1,1,66.25,333,333,1234.5]
>>>a.pop()                 #删除最后一个元素
1234.5
>>>a
[-1,1,66.25,333,333]
```

注意：上述 insert()、remove()和 sort()方法仅修改列表而不返回修改的结果，即返回值为默认值 None。

4.1.4 删除列表中的元素

Python 提供的 del 操作可以通过元素的位置索引来将元素从列表中删除。注意：del 不是对一个列表对象进行操作，而是对列表中元素进行操作。

del 与 pop()不同，pop()会返回被删除的元素。此外，del 还可以用来删除子列表或整个列表元素。例如：

```
>>>a=[1,66.25,333,333,1234.5]
>>>a
[1,66.25,333,333,1234.5]
>>>del a[2:4]
>>>a
[1,66.25,1234.5]
>>>del a[:]                #删除全部元素
>>>a
[ ]
```

命令 del a 将会删除整个列表变量。删除后，若要访问该变量，将会出错。例如：

```
>>>a=[1,2,3,4]
>>>del a
```

```
>>>a                    #列表 a 已经被删除，访问错误
Traceback (most recent call last):
  File "<pyshell#30>", line 1, in <module>
    a
NameError: name 'a' is not defined
```

4.1.5　列表解析

列表解析(list comprehension，也称为"列表推导式"或"列表的内涵")是 Python 语言强有力的语法之一，常用于从集合对象中有选择地获取元素并计算。虽然在多数情况下可以使用 for、if 等语句组合完成同样的任务，但用列表解析书写的代码更简洁(当然有时可能会不易读)。

例4.5　创建平方数列表的方法比较。

程序如下：

```
>>>squares=[ ]
>>>for x in range(10):          #创建 0 到 9 的平方列表
    squares.append(x**2)
>>>squares
[0,1,4,9,16,25,36,49,64,81]
```

列表解析语句可更加简便快捷地实现上述功能：

```
squares=[x**2 for x in range(10)]
```

列表解析的一般形式如下(可以把[ ]内的列表解析写为一行，也可以写为多行(以易读为原则))：

```
[<表达式> for x₁ in<序列 1> [... for xₙ in<序列 n> if <条件表达式> ]]
```

上面的形式分为三部分，首先是生成每个元素的表达式，然后是 for 迭代过程，最后可以设定一个 if 判断作为过滤条件。

列表解析可以包含较为复杂的表达式和内嵌函数，例如：

```
>>>from math import pi
>>>[str(round(pi,i)) for i in range(1,6)] #产生保留圆周率 1 到 5 位小数的列表元素
['3.1', '3.14', '3.142', '3.1416', '3.14159']
```

4.2　元　　组

元组(tuple)是 Python 中另一种内置的存储有序数据的结构。元组与列表类似，都是有序序列，可存储不同类型的数据，如字符串、数字甚至元组。然而，元组是不可改变的，创建后不能再进行任何修改操作。元组的主要作用是作为参数传递给函数调用，或者从函数调用那里获得参数时，保护其内容不被外部接口修改。

Python 元组数据
类型(一)

4.2.1　创建元组

创建元组的语法很简单：用逗号分隔了一些值，将自动创建元组。元组通常用圆括号()括起来。换句话说，任意类型的对象，如果以逗号隔开，则默认为元组。例如：

```
>>>1,2,3
(1,2,3)
>>>t='a', 'b', 'c', 'd'
>>>t
('a', 'b', 'c', 'd')
```

例 4.6　元组创建举例。

```
>>>tup1=(1,2,3)
(1,2,3)
>>>tup2=('physics', 'chemiatry', 1997, 2000)
('physics', 'chemistry', 1997, 2000)
>>>t=(12345,54321,'hello!')
>>>u=t,(1,2,3,4,5)                    #元组允许嵌套
>>>u
((12345,54321,'hello!'),(1,2,3,4,5))
>>>v=([1,2,3],[3,2,1])                #元组中可包含可修改数据类型的元素
>>>v
([1,2,3],[3,2,1])
```

注意：创建仅包括一个值的元组必须在其后加个逗号。例如：

```
>>>42,
(42,)
>>>(42,)
(42,)
>>>(42)                    #没加逗号，不是元组
42
>>>empty=()               #创建空元组
>>>singleton='hello'
>>>len(empty)
0
>>>len(singleton)
5
>>>singleton
'hello'
>>>singleton='hello',     #加逗号后，singleton 实际上是包含一个元素 'hello' 的元组
>>>len(singleton)         #按元素个数计算
1
```

>>>singleton

('hello',)

4.2.2　元组的基本操作

元组的基本操作见表 4-2。

表 4-2　元组的基本操作

操　　作	含　　义
<tup>[i]	索引(求<tup>中位置索引为 i 的元素)
<tup>[i:j]	分片(求<tup>的位置索引为 i，i＋1，…，j−1 的子元组)
<tup1>+<tup2>	将<tup1>和<tup2>连接
<tup>*<int-expr>或<int-expr>*<tup>	将<tup>复制<int-expr>次
len(<tup>)	求<tup>的长度
for <var> in <tup>:	对<tup>中元素循环
<expr> in <tup>	查找<expr>是否在<tup>中，返回值为布尔类型
del <tup>	删除元组
max <tup>	求元组中的最大值
min <tup>	求元组中的最小值

元组的元素与列表一样按定义的次序进行排序。因为元组的索引与列表一样是从 0 开始的，所以一个非空元组 t 的第一个元素总是 t[0]。负数索引也与列表一样，从元组的尾部开始计数。与列表一样，分片(slice)也可以使用。

注意：当分割一个列表时，会得到一个新的列表；当分割一个元组时，也会得到一个新的元组。与列表相同，元组也可以通过下标索引来访问元组中的值。例如：

>>>tup1=('physics', 'chemiatry', 1997, 2000)

>>>tup2=(1,2,3,4,5,6,7)

>>>print("tup1[0]:", tup1[0])

tup1[0]: physics

>>>print ("tup2[1:5]:", tup2[1:5])

tup2[1:5]:(2,3,4,5)

元组中的元素是不允许修改的，否则将会出错。例如：

>>>t=12345,54321,"hello! "

>>>t[0]=54321　　　　　　　　　　#试图修改元组元素，出现错误

Traceback (most recent call last):

　　File "<pyshell#41>", line 1, in <module>

　　　t[0]=54321

　TypeError: 'tuple' object does not support item assignment

元组可以连接。与字符串一样，元组之间可以使用"＋"号和"*"号进行运算，生成

一个新的元组。例如：

>>>tup1=(12,34,56)

>>>tup2=("abc","xyz")

>>>print(tup1+tup2)

(12,34,56, "abc","xyz")

可以用 del 语句删除整个元组。当实例中的元组被删除后，若试图输出元组变量，则会出错。例如：

>>>tup=("physics","chemistry",1997, 2000)

>>>print(tup)

("physics","chemistry",1997, 2000)

>>>del tup

>>>print("After deleting tup:",tup)

traceback(most recent call last):

    File "<pyshell#65>", line 1, in <module>

      print("After deleting tup:",tup)

NameError: name. "tup"is not defined

由于元组是不可修改的，因此：

- 不能向元组增加元素，元组没有 append 或 extend 方法。
- 不能从元组删除元素，元组没有 remove 或 pop 方法。
- 不能在元组中查找元素，元组没有 index 方法。

可以使用 in 关键字查看一个元素是否存在元组中，使用 max 和 min 可查看元组中的最大值和最小值。例如：

>>>t=(2,23,41,3,7,1,10,48,5)

>>>2 in t

True

>>>4 in t

False

>>>max(t)

48

>>>min(t)

1

4.2.3 元组与列表的相互转换

Python 元组数据类型(二)

Python 元组和列表在很多情况下可以相互替换，很多操作也类似，但它们也有区别。

(1) 元组是不可变的序列类型，元组能对不需要改变的数据进行写保护，使数据更安全。列表是可变的序列类型，可以添加、删除或搜索列表中的元素。

(2) 元组使用小括号且用逗号分隔元素，而列表中的元素在中括号中。虽然元组使用小括号，但访问元组元素时，要使用中括号按索引或分片来获得对应元素的值。

(3) 元组可以在字典中作为关键字使用，而列表不能作为字典关键字使用，因为列表是可改变的。

(4) 只要不修改元组，大多数情况下可把它们作为列表来进行操作。

元组与列表可以通过 list()函数和 tuple()函数实现互相转换。Python 内置的 tuple()函数接收一个列表，且返回一个包含相同元素的元组，而 list()函数接收一个元组并返回一个列表。从元组与列表的性质来看，tuple()相当于冻结一个列表，而 list()相当于解冻一个元组。例如：

```
>>>list1=[1,2,3]
>>>tup1=tuple(list1)
>>>tup1
(1,2,3)
>>>list(tup1)
[1,2,3]
```

利用列表解析，也可以实现元组与列表的数据转换。

例 4.7 分别从两个列表中取不相等的两个元素组合出新列表。

```
>>>[(x,y) for x in [1,2,3] for y in [3,1,4] if x!=y]
[(1,3),(1,4),(2,3),(2,1),(2,4),(3,1),(3,4)]
```

上述程序等价于：

```
>>>combs=[ ]
>>>for x in [1,2,3]:
        for y in [3,1,4]:
            if x!=y:
                combs.append((x,y))
>>>combs
[(1,3),(1,4),(2,3),(2,1),(2,4),(3,1),(3,4)]
```

例 4.8 利用列表解析生成九九乘法表元组元素的列表。

```
>>>s=[(x,y,x*y) for x in range (1, 10) for y in range(1, 10) if x>=y]
>>>s
```

[(1,1,1),(2,1,2),(2,2,4),(3,1,3),(3,2,6),(3,3,9),(4,1,4),(4,2,8),(4,3,12),(4,4,16),
(5,1,5),(5,2,10),(5,3,15),(5,4,20),(5,5,25),(6,1,6),(6,2,12),(6,3,18),(6,4,24),
(6,5,30),(6,6,36),(7,1,7),(7,2,14),(7,3,21),(7,4,28),(7,5,35),(7,6,42),(7,7,49),
(8,1,8),(8,2,16),(8,3,24),(8,5,40),(8,6,48),(8,7,56),(8,8,64),(9,1,9),(9,2,18),
(9,3,27),(9,4,36),(9,5,45),(9,6,54),(9,7,63),(9,8,72),(9,9,81)]

4.2.4 元组解包

在讲解创建元组的例子中，声明 t='a', 'b', 'c', 'd' 称为元组打包。其实也可以进行反向操作——元组解包(unpacking)，即将等号右侧元组中的元素按顺序依次赋给等号左边的变量。例如：

```
>>>t=(1,2,3)
>>>a,b,c=t          #解包
>>>a
1
>>>b
2
>>>c
3
```

在实际应用时，使用元组比使用列表有优势。首先，元组比列表的运算速度快。如果定义了一个常量集对象，并且要在程序中不断遍历它，则建议使用元组而不是列表。其次，使用元组相当于为不需要修改的数据进行了"写保护"，使得数据更安全。

4.3 列表和元组的应用

在 Python 中，序列的应用很广泛，涉及的算法也很多，下面通过一些实例来介绍序列的典型应用。考虑到本书是程序设计方面的基础教材，为了加强程序设计基本方法的训练，本节主要从原始的程序设计思路出发，构造算法并编写程序，而并没有过多利用 Python 本身的功能。在实际应用中，读者完全可以充分利用 Python 的资源，写出富有 Python 特征的程序。

4.3.1 数据排序

Python 元组数据
类型(三)

数据排序(sort)是程序设计中很典型的一类算法。在 Python 中，数据排序可以直接使用 sort()方法或 sorted()函数，也可以自己编写排序的程序。

假设将 n 个数按从小到大的顺序排列后输出，排序过程通常分为以下 3 个步骤：

① 将需要排序的 n 个数存放到一个列表中(设列表为 x)。

② 将列表 x 中的元素从小到大排序，即 x[0]最小，x[1]次之，x[n−1]最大。

③ 将排序后的 x 列表输出。

其中，第②步是关键。排序的方法很多，这里介绍最基本的排序算法。

例 4.9 利用简单交换排序法，将 n 个数按从小到大的顺序排列后输出。

分析：简单交换排序法(simple exchange sort)的基本思路是，将位于最前面的数和它后面的数进行比较，比较若干次以后，即可将最小的数放到最前面。

第一轮比较过程是：首先 x[0]与 x[1]比较，如果 x[0] > x[1]，则将它们互换，否则不互换，这样新的 x[0]得到的是 x[0]与 x[1]中的较小数；然后 x[0]与 x[2]比较，如果 x[0] > x[2]，则将它们互换，否则不互换，这样新的 x[0]得到的是 x[0]、x[1]和 x[2]中的最小值；如此重复，最后 x[0]与 x[n−1]比较，如果 x[0] > x[n−1]，则将 x[0]与 x[n−1]互换，否则

不互换，这样在 x[0] 中得到的数就是列表 x 中的最小值(一共比较了 n−1 次)。

第二轮比较过程是：x[1] 与它后面的元素 x[2]，x[3]，…，x[n−1] 进行比较，如果 x[1] 大于某元素，则将该元素与 x[1] 互换，否则不互换。这样经过 n−2 次比较后，在 x[1] 中将得到次小值。

如此重复，最后进行第 n−1 轮比较，此时 x[n−2] 与 x[n−1] 比较，将小的数放于 x[n−2] 中，大的数放于 x[n−1] 中。

为了实现以上排序过程，可以用双重循环，外循环控制比较的轮数，n 个数排序需比较 n−1 轮，设有循环变量 i，i 从 0 变化到 n−2。内循环控制每轮比较的次数，第 i 轮比较 n−i 次，设有循环变量 j，j 从 i+1 变化到 n−1。每次比较的两个元素分别为 x[i] 与 x[j]。

程序如下：

```
n=int(input('输入数据个数：'))
x=[]
for i in range(n):
    x.append(int(input('输入一个数：')))
for i in range(n-1):              #控制比较的轮数
    for j in range(i+1,n):        #控制每轮比较的次数
        if x[i]>x[j]:             #排在每轮中最前面的数和后面的数依次进行比较
            x[i],x[j]=x[j],x[i]
print('排序后数据：',x)
```

例 4.10　利用选择排序法,将 n 个数按从小到大的顺序排列后输出。

分析：选择排序法(selection sort)的基本思路是，在 n 个数中找出最小的数，使它与 x[0] 互换，然后从 n−1 个数中找出最小的数，使它与 x[1] 互换，依次类推，直到剩下最后一个数据为止。

Python 元组数据
类型(四)

程序如下：

```
n=int(input('输入数据个数：'))
x=[]
for i in range(n):
    x.append(int(input('输入一个数：')))
for i in range(n-1):              #控制比较的轮数
    k=i
    for j in range(i+1,n):        #找最小数的下标
        if x[k]>x[j]: k=j
    if k!=i:                      #将最小数和排在最前面的数互换
        x[i],x[k]=x[k],x[i]
print('排序后数据：',x)
```

例 4.11　利用冒泡排序法,将 n 个数按从大到小的顺序排列后输出。

分析：冒泡排序法(bubble sort)的基本思路是，将相邻的两个数两两比较，使大的在前，小的在后。

第一轮比较过程是：首先 x[0] 与 x[1] 比较，如果 x[0] < x[1]，则将它

Python 元组数据
类型(五)

们互换，否则不互换；然后 x[1] 与 x[2] 比较，如果 x[1] < x[2]，则将它们互换，否则不互换；如此重复，最后 x[n−2] 与 x[n−1] 比较，如果 x[n−2] < x[n−1]，则将 x[n−2] 与 x[n−1] 互换，否则不互换；这样在第一轮比较 n−1 次以后，x[n−1] 中得到的数就是 n 个数中的最小值。

第二轮比较过程是：x[0] 到 x[n−2]，相邻的两个数两两比较，比较 n−2 次以后，x[n−2] 中得到的数就是剩下的 n−1 个数中最小值，即全部 n 个数中第二小的数。

如此重复，最后进行第 n−1 轮比较，此时 x[0] 与 x[1] 比较，将大的数放于 x[0] 中，小的数放于 x[1] 中。

为了实现以上排序过程，可以用双重循环，外循环控制比较的轮数，n 个数排序需比较 n−1 轮，设有循环变量 i，i 从 0 变化到 n−2。内循环控制每轮比较的次数，第 i 轮比较 n−i 次，设有循环变量 j，j 从 0 变化到 n−2−i。每次比较的两个元素分别为 x[j] 与 x[j+1]。

程序如下：

```
n=int(input('输入数据个数：'))
x=[]
for i in range(n):
    x.append(int(input('输入一个数：')))
for i in range(n-1):
    for j in range(n-1-i):
        if x[j]<x[j+1]:
            x[j],x[j+1]=x[j+1],x[j]
print('排序后数据：',x)
```

4.3.2 数据查找

数据查找(search)是从一组数据中找出具有某种特征的数据项，它是数据处理中应用很广泛的一种操作。常见的数据查找方法有顺序查找(sequential search)和二分查找(binary search)。

Python 元组数据
类型(六)

例 4.12 设有 n 个数已存在序列 a 中，利用顺序查找法查找数据 x 是否在序列 a 中。

分析：顺序查找又称线性查找，其基本思想是，对所存储的数据从第一项开始，依次与所要查找的数据进行比较，直到找到所要查找的数据，或将全部元素找完还没有找到所要查找的数据为止。

程序如下：

```
a=eval(input("输入一个数据序列，用逗号分隔："))
x=eval(input("输入待查数据："))
n=len(a)
i=0
while i<n and a[i]!=x:          #顺序查找
    i+=1
```

```
if i<n:
        print("已找到",x)
    else:
        print("未找到",x)
```

一般情况下所要找的数据是随机的，如果要找的数据正好就是元组中的第一个数据，只需查找一次便可以找到；如果它是元组中的最后一个数据，就要查找 n 次。所以各元素被查找概率相等时的平均查找次数为

$$m = \frac{1+2+\cdots+n}{n} = \frac{1+n}{2}$$

显然，数据量越大，平均查找次数也越多。

例 4.13 设有 n 个数已按大小顺序排列好并存于序列 a 中，利用二分查找法查找数据 x 是否在序列 a 中。

分析：若被查找的是一组有序数据，则可以用二分查找法，二分查找又称折半查找。例如，有一批数据已按大小顺序排列好：

$$a_0 < a_1 < \cdots < a_{n-1}$$

这批数据存储在元组 a[0]，a[1]，…，a[n−1] 中，现在要对该元组进行查找，看给定的数据 x 是否在此元组中，可以用下面的方法。

(1) 在 0 到 n−1 中间选一个正整数 k，用 k 把原来有序的序列分成 3 个子序列：

① a[0]，a[1]，…，a[k−2]

② a[k−1]

③ a[k]，a[k+1]，…，a[n−1]

(2) 用 a[k−1] 与 x 比较：若 x = a[k−1]，则查找过程结束；若 x < a[k−1]，则用同样的方法把序列 a[0]，a[1]，…，a[k−2] 分成 3 个序列；若 x > a[k−1]，也用同样的方法把序列 a[k]，a[k+1]，…，a[n−1] 分成 3 个序列，直到找到 x 或得到 "x 找不到" 的结论为止。

这是一种应用 "分治策略" 的解题思想。当 k = n/2 时，称为二分查找法。其中变量 flag 是 "是否找到" 的标志。设 flag 的初值为 −1，当找到 x 后置 flag = 1。根据 flag 的值便可以确定循环是由于找到 x(flag=1)结束的，还是由于对数据序列查找完了还找不到而结束的 (flag=−1)。

程序如下：(a 按从小到大排列)

```
a=eval(input("输入一个从小到大的数据序列，用逗号分隔："))
x=eval(input("输入待查数据："))
n=len(a)
lower=0
upper=n-1
flag=-1
while flag==-1 and lower<=upper:       #二分查找
    mid=int((lower+upper)/2)
    if x==a[mid]:
        flag=1                         #已找到
```

```
    elif x<a[mid]:
        upper=mid-1                  #未找到
    else:
        lower=mid+1
if flag==1:
    print("已找到",x)
else:
    print("未找到",x)
```

在上述程序中，给定的数据是递增的。若数据是递减的，则请读者修改程序。

使用二分查找的前提是数据序列必须先排好序。用二分查找，最好的情况是查找一次就找到。设 $n = 2^m$，则最坏的情况要查找 m+1 次。显然数据较多时，二分查找比顺序查找的效率要高得多。

4.3.3 矩阵运算

矩阵运算包括矩阵的建立、矩阵的基本运算、矩阵的分析与处理等操作。Python 的矩阵运算功能非常丰富，应用也非常广泛。许多含有矩阵运算的复杂计算问题，在 Python 中很容易得到解决。本节介绍如何利用序列数据结构来进行基本的矩阵运算。实际上，在 Python 环境下还有专用的科学计算函数模块，如 Numpy(Numeric Python)、SciPy 等，有需求时可以下载使用。

Python 元组数据
类型(七)

例 4.14 给定一个 m×n 矩阵，其元素互不相等，求每行绝对值最大的元素及其所在列号。

分析：首先要考虑的是如何用列表数据表示矩阵。

用列表表示一维矩阵是显然的，当列表中的元素也是一个列表时，该列表可以表示二维矩阵。例如：

```
>>>A=[[1,2,3,4],[5,6,7,8],[9,10,11,12]]
>>>A
[[1,2,3,4],[5,6,7,8],[9,10,11,12]]
```

A 是一个 3×4 矩阵。A 所包含的元素的个数(长度)是矩阵 A 的行数，A 的每一个元素的长度是矩阵 A 的列数。正如下面语句的执行结果：

```
>>>len(A)
3
>>>len(A[0])
4
```

接下来考虑求矩阵一行绝对值最大的元素及其列号的程序段，再将处理一行的程序段重复执行 m 次，即可求出每行的绝对值最大的元素及其列号。

程序如下：

```
m,n=eval(input("输入矩阵的行数和列数"))
```

```
x=[[0]*n for i in range(m)]        #定义矩阵 x
for i in range(m):                 #输入矩阵的值
    for j in range(n):
        x[i][j]=eval(input("输入数据项，每输一个数字打回车："))
print("Matrix x:")                 #输出矩阵的值
for i in range(len(x)):
    print(x[i])
for i in range(m):
    k=0                            #假定第 0 列元素是第 i 行绝对值最大的元素
    for j in range(1,n):
        if abs(x[i][j]>abs(x[i][k])):      #求第 i 行绝对值最大元素的列号
            k=j
    print(i,k,x[i][k])
```

例 4.15　矩阵乘法。已知 m×n 矩阵 **A** 和 n×p 矩阵 **B**，试求它们的乘积 **C = AB**。

分析：求两个矩阵 **A** 和 **B** 的乘积分为以下 3 步。

① 输入矩阵 **A** 和 **B**。

② 求 **A** 和 **B** 的乘积并存放到 **C** 中。

③ 输出矩阵 **C**。

其中第②步是关键。

依照矩阵乘法规则，乘积 **C** 为 m×p 矩阵，且 **C** 的各元素的计算公式为

$$C_{ij} = \sum_{k=1}^{n} A_{ik}B_{kj} \quad (1 \leqslant i \leqslant m, \ 1 \leqslant j \leqslant p)$$

为了计算矩阵 **C**，需要采用三重循环。其中，外层循环(设循环变量为 i)控制矩阵 **A** 的行，中层循环(设循环变量为 j)控制矩阵 **B** 的列，内层循环(设循环变量为 k)控制计算 **C** 的各元素，显然，求 **C** 的各元素属于累加问题。

程序如下：

```
A=[[2,1],[3,5],[1,4]]
B=[[3,2,1,4],[0,7,2,6]]
C=[[0]*len(B[0]) for i in range(len(A))]        #定义矩阵 C，1 行 4 个元素，共 3 行
for i in range(len(A)):
    for j in range(len(B[0])):
        t=0
        for k in range(len(B)):
            t+=A[i][k]*B[k][j]
        C[i][j]=t
print("Matrix A: ")                 #输出矩阵 A
for i in range(len(A)):
    print(A[i])
print("Matrix B: ")                 #输出矩阵 B
```

```
    for i in range(len(B)):
        print(B[i])
print("Matrix C: ")                    #输出矩阵 C
    for i in range(len(C)):
        print(C[i])
```

程序运行结果如下：

Matrix A：

[2,1]

[3,5]

[1,4]

Matrix B：

[3,2,1,4]

[0,7,2,6]

Matrix C：

[6,11,4,14]

[9,41,13,42]

[3,30,9,28]

例 4.16 找出一个二维数组中的鞍点，即该位置上的元素是该行上的最大值，是该列上的最小值。二维数组可能不止一个鞍点，也可能没有鞍点。

程序如下：

```
m, n=eval(input("输入矩阵的行数和列数:"))
a=[[0]*n for i in range(m)]      #定义矩阵
for i in range(m):                #输入矩阵的值
    for j in range(n):
        a[i][j]=eval(input("输入数据项，每输入一个数回车："))
print("Matrix a: ")               #输出矩阵的值
for i in range (len(a)):
    print(a[i])
flag2=0                           #设置 flag2 作为数组中是否有鞍点的标志
for i in range(len(a)):
    maxx=a[i][0]                  #求每一行最大元素及其所在列
    for j in range(len(a[0])):
        if a[i][j]>maxx:
            maxx=a[i][j]
            maxj=j
    k=0
    flag1=1                       #flag1 作为行中的最大值是否有鞍点的标志
    while k<len(a) and flag1:
        if maxx>a[k][maxj]:       #判断行中的最大值是否也是列中的最小值
```

```
                flag1=0
            k+=1
        if flag1:
            print("第{}行第{}列的{}是鞍点！".format(i,maxj,maxx))
            flag2=1
    if not flag2:
        print("该矩阵无鞍点！")
```

程序运行时，可以用以下两个矩阵验证程序。

(1) 二维矩阵有鞍点。

```
9    80   205 40
90   −60  96   1
210  −3   101  89
```

(2) 二维矩阵没有鞍点。

```
9    80   205 40
90   −60  196  1
210  −3   101  89
45   54   156  7
```

4.4　字　典

在许多应用中要利用关键词查找对应信息。例如，通过学号来检索某学生的信息。其中，通过学号查找所对应学生的信息的方式称为"映射"。Python 语言的字典(dictionary)就是一种映射。字典及后面将要提到的集合，它们的数据元素之间没有任何确定的顺序关系，属于无序的数据集合体，因此不能像序列那样通过位置索引来访问数据元素。

Python 字典数据
类型(一)

4.4.1　字典概述

在 Python 中，字典是由"关键字:值"对组成的集合体。字典是一个索引的集合，即键(key)和值(value)的集合，一个键对应一个值。这种一一对应的关联称为键值对(key-value pair)，或称为项(item)。

"关键字"相当于索引，而它对应的"值"就是数据。数据是根据关键字来存储的，只要找到关键字就可以找到需要的值。同一个字典之内关键字必须是互不相同的，字典中一个关键字只能与一个值关联。对于同一个关键字，后添加的值会覆盖之前的值。

1．字典的索引

字典是 Python 中唯一的映射类型，采用"关键字:值"对的形式存储数据。序列以连续的整数为索引，与此不同的是，字典以关键字为索引。关键字可以是任意不可变类型，如整数、字符串。如果元组中只包含字符串和数字，则元组也可以作为关键字；如果元组直接或间接地包含了可变类型，就不能作为关键字。列表不能用作关键字，因为列表可以修改。另外，字典的存储是无序的。

2. 字典与序列的区别

(1) 存取和访问数据的方式不同。字典中的元素是通过关键字来存取的，而序列是通过编号来存取的。字典通过关键字将一系列值联系起来，这样就可以使用关键字从字典中取出某个元素。同列表和元组一样，我们可以使用索引操作从字典中获取内容。

(2) 列表、元组是有序的数据集合体，字典是无序的数据集合体。与列表、元组不同，保存在字典中的元素并没有特定的顺序。实际上，Python 将各项从左到右随机排序，以便快速查找。关键字提供了字典中元素的象征性位置，而不代表物理存储顺序。

(3) 字典是可变类型，可以在原处增长或缩短，无须生成一份副本。

(4) 字典是异构的，可以包含任何类型的数据，如列表、元组或其他字典，支持任意层次的嵌套。

4.4.2 创建字典

字典就是用花括号包裹的键值对的集合。每个键和值用冒号 ":" 分隔，每个键值对之间用逗号 "," 分隔。格式如下：

    d={key1: value1, key2: value2[,…,keyn:valuen]}

用{}创建字典是最简单的方法，方法如下：

    >>>dict1={'jack':4098, 'sape':4139}
    >>>dict2={(1,2):['a','b'],(3,4):['c','d'],(5,6):['e','f']}
    >>>dict2
    {(1,2):['a','b'],(3,4):['c','d'],(5,6):['e','f']}
    >>>type(dict2)
    <class 'dict'>
    >>>dict1={}   #创建空字典

也可以通过 dict(构造器)来创建字典，构造器的输入参数为列表(或元组)，列表(或元组)内部是一系列包含两个值的列表或元组。例如：

    >>>dict([('sape',4139),('guido',4127),('jack',4098)])
    {'sape': 4139, 'guido': 4127, 'jack': 4098}

该语句的输入参数为列表，列表内部为元组。

还可以通过关键字形式创建字典，但键只能为字符串型，并且字符串不用加引号。例如：

    >>>dict(name='allen', age='40')
    {'name': 'allen', 'age': '40'}

4.4.3 访问字典中的值

Python 通过关键字来访问字典的元素，一般格式为

字典名[关键字]

要得到字典中某个元素的值，可用键加上方括号来得到，即 dict[key]形式返回键 key 对应的值 value，如果 key 不在字典中，则会引发 KeyError 错误。例如：

```
>>>dict={'name':'earth','port':80}
>>>dict
{'name': 'earth', 'port': 80}
>>>dict['port']
80
>>>dict['a']
Traceback (most recent call last):
    File "<pyshell#6>", line 1, in <module>
        dict['a']
KeyError: 'a'
```

若要检查字典 dict 中是否含有键 key，可以使用 in，例如：

```
>>>d={'name','alice'}
>>>'name' in d
True
```

4.4.4　更新字典

字典中的键值对是可以进行添加、删除、修改等更新操作的。更新字典值的语句格式为

字典名[关键字]=值

例如：

```
>>>adict={'name':'earth','port':80}
>>>adict['age']=18              #增加一个键值对
>>>adict
{'name': 'earth', 'port': 80, 'age': 18}
>>>adict['name']= 'moon'        #修改值
>>>adict
{'name': 'moon', 'port': 80, 'age': 18}
>>>del adict['port']            #删除键值对
>>>adict
{'name':'moon','age':18}
```

Python 字典数据
类型(二)

4.4.5　字典的操作

字典对象提供了一系列内置方法来访问、添加、删除其中的键、值或键值对，字典对象的方法见表 4-3。

表4-3 字典对象的方法

字典对象的方法	含　义
dict.keys()	返回包含字典所有 key 的列表
dict.values()	返回包含字典所有 value 的列表
dict.items()	返回包含字典所有(键:值)项的列表
dict.clear()	删除字典中所有项或元素，无返回值
dict.copy()	返回字典浅复制副本
dict.get(key,default=None)	返回字典中 key 对应的值，若 key 不存在，则返回 default 的值(默认值 None)
dict.pop(key[,default])	若存在 key，则删除并返回 key 对应的 value；若 key 不存在，且没有给出 default 值，则引发 KeyError 异常
dict.update(adict)	更新字典的键值

1. 返回字典所有的键、值和项

dict.keys()、dict.values()、dict.items()这三个方法分别返回包含原字典中每项的键、值和项(键、值)的列表，例如：

```
>>> d={'name':'alice','age':19,'sex':'F'}
>>> d.keys()
dict_keys(['name', 'age', 'sex'])
>>> d.items()
dict_items([('name', 'alice'), ('age', 19), ('sex', 'F')])
>>> d.values()
dict_values(['alice', 19, 'F'])
```

要遍历一个字典，只需要遍历它的键即可，例如：

```
>>> for key in d.keys(): print ('key=%s, value=%s.'%(key, d[key]))
key=name, value=alice
key=age, value=19
key=sex, value=F
```

2. 清空字典

用 dict.clear()可清空原始字典中所有的元素，使字典变成一个空字典。例如：

```
>>>d={'name':'alice','age':19,'sex':'F'}
>>>d.clear()
>>>d
{}
```

有趣的是，对于两个相关联的字典对象 x、y，若将 x 赋值为空字典，将不对 y 产生影响；而用 clear 方法清空 x，也将清空字典 y 中的所有元素。例如：

```
>>>x={}                              >>>x={}
>>>y=x                               >>>y=x
```

```
>>>x['key']= 'value'
>>>y
{'key':'value'}
>>>x={}          #把字典 x 置空
>>>y             #字典 y 不变
{'key': 'value'}
```

```
>>>x['key']= 'value'
>>>y
{'key': 'value'}
>>>x.clear()          #清空 x
>>>y                  #y 也同时被清空了
{}
```

3. 复制字典

dict.copy()方法返回一个具有相同键值对的新字典。例如：

```
>>>x={'a':1, 'b':[2,3,4]}
>>>y=x.copy()
>>>x['a']=5                #将字典 x 中的关键字 a 的键值修改
>>>y                       #字典 y 不改变
{'a': 1, 'b': [2, 3, 4]}
>>>x
{'a': 5, 'b': [2, 3, 4]}
```

需要注意的是，不同版本的 Python，对 copy 的解释有区别，即所谓的深复制和浅复制问题。这里给出的是 Python 3.6.5 的版本的结果。

4. 以键查值

dict.get(key,default=None)方法可访问字典项的对应值。若使用 get 访问一个不存在的 key，则会得到 None 值。例如：

```
>>> d={}
>>> print (d.get('name'))
None
>>> d={'name':'N/A'}
>>> d.get('name')
'N/A'
>>> d['name']='Erci'
>>> d.get('name')
'Erci'
```

5. 移除键值对

dict.pop(key[,default])方法用来获得并返回对应给定键的值，然后将这个键值对从字典中移除，例如：

```
>>>d={'name':'alice','age':19,'sex':'F'}
>>> d.pop('name')
'alice'
>>> d
{'age': 19, 'sex': 'F'}
```

6. 字典更新

dict.update(addict)方法可以利用一个字典更新另一个字典。提供的字典中的所有键值对均会被添加到旧字典中，若有相同的键则会进行覆盖。例如：

```
>>> d={'name':'alice','age':19,'sex':'F'}
>>> x={'name':'bob','phone':'12345678'}
>>> d.update(x)
>>> d
{'name': 'bob', 'age': 19, 'sex': 'F', 'phone': '12345678'}
```

Python 没有专门的枚举分支结构，但利用字典可实现枚举的功能。

例 4.17 输入两个数字，并输入加、减、乘、除运算符号，输出运算结果。若输入其他符号，则退出程序。

程序如下：

```
tup=('+','-','*','/')
while True:
    a=float(input('请输入第一个数字'))
    b=float(input('请输入第二个数字'))
    t=input('请输入加减乘除运算符号，若输入其他符号则退出程序')
    if t not in tup:
        break
    else:
        dic={'+':a+b,'-':a-b, '*':a*b, '/':a/b}
        print('%s%s%s=%0.1f'%(a,t,b,dic.get(t)))
```

程序运行结果如下：

```
请输入第一个数字 2.3
请输入第二个数字 3.4
请输入加减乘除运算符号，若输入其他符号则退出程序/
2.3/3.4=0.7
```

例 4.18 引入内置模块 calendar，输入年、月、日，根据 weekday(year,month,day)的返回值，输出该日期是星期几。函数 weekday()返回 0～6，分别对应星期一至星期日。

程序如下：

```
from calendar import *
y=input('请输入年')
m=input('请输入月')
d=input('请输入日')
dic={0:'星期一',1:'星期二',2:'星期三',3:'星期四',4:'星期五',5:'星期六',6:'星期日'}
if y.isdigit() and m.isdigit() and d.isdigit() and 1<=int(m)<=12 and 1<=int(d)<=31:
    w=weekday(int(y), int (m), int (d))
    print('您输入的%s 年%s 月%s 日是%s'%(y,m,d,dic[w]))
else:
```

　　　　print('输入日期有误')
　　程序运行结果如下：
　　　　请输入年 1949
　　　　请输入月 10
　　　　请输入日 1
　　您输入的 1949 年 10 月 1 日是星期六

4.5　集　　合

　　集合(set)是不重复元素的无序集，类似于数学中的集合概念，可对其进行交、并、差等运算。它兼具了列表和字典的一些性质。

　　集合有类似字典的特点：用花括号"{ }"来定义，其元素是非序列类型的数据，也就是没有顺序；集合中的元素不可重复，也不可变类型，类似于字典中的键；集合的内部结构与字典相似，区别是集合只有键没有值。

Python 集合数据
类型(一)

　　另一方面，集合也具有一些列表的特点，如持有一系列元素，并且可原处修改。由于集合是无序的，不记录元素位置或者插入点，因此不支持索引、分片或其他类似序列(sequence-like)的操作。

4.5.1　集合的创建

　　在 Python 中，创建集合有两种方式：一种是用一对花括号将多个用逗号分隔的数据括起来；另外一种是使用 set()函数，该函数可以将字符串、列表、元组等类型的数据转换成集合类型的数据。

1. 直接使用"{ }"创建

　　例 4.19　创建一个集合。

　　程序如下：

```
>>> s3={1,2,3,4,5}
>>> s3
{1, 2, 3, 4, 5}
>>> s4=set()          #注意创建空集合要用 set()而非{}，若用{}，将创建空字典
>>> s4
set()
>>> type(s4)
<class 'set'>
>>> s5={}
>>> type(s5)
<class 'dict'>
```

```
>>> s5={'python',(1,2,3)}                    #用{}创建包含元组的集合
>>> s5
{'python', (1, 2, 3)}
>>> s6={'python',[1,2,3]}                     #用{}创建包含列表的集合
Traceback (most recent call last):
    File "<pyshell#71>", line 1, in <module>
        s6={'python',[1,2,3]}
TypeError: unhashable type: 'list'
>>> s7={'Python',{'name':'alice'}}            #用{}创建包含字典的集合
Traceback (most recent call last):
    File "<pyshell#73>", line 1, in <module>
        s7={'Python',{'name':'alice'}}
TypeError: unhashable type: 'dict'
```

从上面的例子可以看出，通过"{}"无法创建含有列表或字典元素的集合。

2. 由字符串创建

用函数 set(str)将 str 中的字符拆开以形成集合。例如：

```
>>> s1=set('hellopython')
>>> s1
{'n', 'p', 'y', 'o', 'e', 't', 'l', 'h'}
```

注意："hellopython"中包含两个'l'、两个'o'和两个'h'，但在 s1 中，"l""o"和"h"分别只有一个，即集合创建时自动去除了重复字符。

3. 由列表或元组创建

用函数 set(seq)创建集合，参数可以是列表或元组。在下面的例子中，调用 set()并传入 list，将 list 的元素作为集合的元素。

程序如下：

```
>>> s2=set([1, 'name',2, 'age', 'hobby'])
>>> s2
{1, 2, 'name', 'hobby', 'age'}
>>> s2=set((1,2,3))
>>> s2
{1, 2, 3}
```

注意：由于集合内部存储的元素是无序的，因此输出的顺序和原列表的顺序有可能是不同的。

4. 集合的遍历

集合与 for 循环语句配合使用，可实现对集合各个元素的遍历。

例 4.20　遍历一个集合，并输出集合中各个元素。

程序如下：

```
s={1,2,3,4}
```

```
t=0
for x in s:
        print(x,end='\t')
```
程序运行结果如下：

　1　　2　　3　　4

4.5.2　集合的修改

修改集合的方法见表 4-4。

表 4-4　修改集合的方法

修改集合的方法	含　义
set.add(x)	向集合中添加元素
set.update(a_set)	使用集合 a_set 更新原集合
set.pop	删除并返回集合中的任意元素
set.remove(x)	删除集合中的元素 x，如果 x 不存在则报错
set.discard(x)	删除集合中的元素 x，如果 x 不存在则什么也不做
set.clear	清空集合中的所有元素

(1) 用 set.add(x)方法向集合 set 中添加元素 x。例如：
```
>>> a_set={1,2}
>>> a_set.add('Python')
>>> a_set
{'Python', 1, 2}
>>> a_set.add(['alice','bob'])        #注意，向集合添加列表的操作会报错
Traceback (most recent call last):
    File "<pyshell#84>", line 1, in <module>
        a_set.add(['alice','bob'])
TypeError: unhashable type: 'list'
```
(2) 用 set.update(a_set)方法把 a_set 中的元素放入原集合中。例如：
```
>>> b_set={'alice'}
>>> a_set={'bob'}
>>> b_set.update(a_set)
>>>b_set
{'bob', 'alice'}
>>>a_set        #a_set 没有变
{'bob'}
```
(3) 用 set.pop()方法从 set 中任意选择一个元素，删除并返回该元素。例如：
```
>>> a_set={'Python','c#','java','perl'}
>>> a_set.pop()
```

'Python'

```
>>> a_set
{'perl', 'c#', 'java'}
>>> a_set.pop()
'perl'
>>> a_set
{'c#', 'java'}
>>> a_set.pop()
'c#'
>>> a_set
{'java'}
>>>a_set.pop('java')      #不可指定要删除的元素，报错
Traceback (most recent call last):
    File "<pyshell#99>", line 1, in <module>
        a_set.pop('java')
TypeError: pop() takes no arguments (1 given)
>>> a_set.pop()
'java'
>>> a_set.pop()           #删除空集合时出错
Traceback (most recent call last):
    File "<pyshell#101>", line 1, in <module>
        a_set.pop()
KeyError: 'pop from an empty set'
```

　　注意：不可指定要删除的元素，否则将报错(pop()不能有参数)，若 set 是空也会报错。

　　(4) set.remove(x)与 set.discard(x)方法，两者的作用都是删除集合中的元素 x，不同的是，对于 set.remove(x)，x 必须是 set 中的元素，否则报错；而对于 set.discard(x)，若 x 不是集合中的元素，则什么也不做。例如：

```
>>> a_set=set('abcde')
>>> a_set
{'c', 'e', 'b', 'd', 'a'}
>>> a_set.remove('b')
>>> a_set
{'c', 'e', 'd', 'a'}
>>> a_set.remove('p')
Traceback (most recent call last):
    File "<pyshell#106>", line 1, in <module>
        a_set.remove('p')
KeyError: 'p'
>>> a_set.discard('p')
```

(5) 用 set.clear()方法删除集合中的所有元素。例如：

```
>>> a_set={1,2,3}
>>> a_set.clear()
>>> a_set
set()
```

4.5.3　集合的数学运算

集合支持并(联合，Union)、交(Intersection)、差(Difference)和对称差集(SymmetricDifference)等数学运算，见表 4-5。

Python 集合数据
类型(二)

表 4-5　集合的数学运算

Python 符号	集合对象的方法	含　义
s1 & s2	s1.intersection(s2)	返回 s1 与 s2 的交集
s1 | s2	s1.union(s2)	返回 s1 与 s2 的并集
s1 - s2	s1.difference(s2)	返回 s1 与 s2 的差集
s1 ^ s2	sl.symmetric_difference(s2)	返回 s1 与 s2 的对称差
x in s1	—	测试 x 是不是 s1 的成员
x not in s1	—	测试 x 是否不是 s1 的成员
s1 <= s2	s1.issubset(s2)	测试 s1 是不是 s2 的子集
s1 >= s2	s1.issuperset(s2)	测试 s1 是不是 s2 的超集
	s1.isdisjoint(s2)	测试 s1 和 s2 是否有交集
s1 |= s2	s1.update(s2)	用 s2 更新 s1

例 4.21　集合运算的例子。
程序如下：

```
>>> s1={'a','e','i','o','u'}
>>> s2={'a','b','c','d','e'}
>>> s1
{'e', 'u', 'a', 'i', 'o'}
>>> s2
{'c', 'e', 'b', 'd', 'a'}
>>> s1 & s2
{'e', 'a'}
>>> s1|s2
{'c', 'e', 'b', 'd', 'u', 'a', 'i', 'o'}
>>> s3={'a','e'}
>>> s3.issubset(s1)
True
```

```
>>> s1.issuperset(s3)
True
>>> s1.difference(s2)
{'o', 'u', 'i'}
>>> s1.symmetric_difference(s2)
{'d', 'u', 'c', 'i', 'b', 'o'}
>>> 'a' in s1
True
>>>'a' not in s1
False
```

集合是可修改的数据类型，但集合中的元素是不可修改的。换句话说，集合中的元素只能是数值、字符串、元组之类。

由于集合是可修改的，因此集合中的元素不能是集合。但是 Python 另外提供了frozenset()函数，来创建不可修改的集合，可作为字典的 key，也可作为其他集合的元素。例如：{frozenset({1,2,3}):'frozenset','Python':3.4},{frozenset({1,2,3}),'a'}。

4.6　字典与集合的应用

根据所求解问题的特点，选择合适的组织数据的方法，是程序设计过程中要考虑的重要内容。本节通过例子进一步说明字典和集合的应用。

例 4.22　输入年、月、日，判断这一天是这一年的第几天。

分析：以 3 月 5 日为例，应该先把前两个月的天数加起来，再加上 5，即本年的第几天。平年 1～12 月份的天数分别为 31、28、31、30、31、30、31、31、30、31、30、31，但闰年的 2 月份是 29 天。

程序如下：

```
year=int(input('请输入年份：'))
month=input('请输入月份：')
day=int(input('请输入日期：'))
dic={'1':31,'2':28,'3':31,'4':30,'5':31,'6':30,'7':31,'8':31,'9':30,'10':31,'11':30,'12':31}
days=0
if ((year%4==0) and (year % 100!=0)) or (year % 400==0):
    dic['2']=29                 #如果是闰年，则 2 月份是 29 天
if int(month)>1:
    for obj in dic:
        if month==obj:
            for i in range(1,int(obj)):
                days+=dic[str(i)]
    days+=day
```

```
    else:
            days=day
    print('{}年{}月{}日是该年的第{}天'.format(year,month,day,days))
```

程序运行结果如下：

　　请输入年份：2016

　　请输入月份：2

　　请输入日期：15

　　2016年2月15日是该年的第46天

　　例4.23 键入10个整数存入序列p中，其中凡相同的数在p中只存入第一次出现的数，其余的都被删除。

　　分析：因为Python的集合是一个无序的、不重复的数据集，利用集合完成该题要求是十分方便的。

　　程序如下：

```
    s=set()
    for i in range(10):
            x=int(input("输入一个数字："))
            s.add(x)
    print('s=',s)
```

习题4

一、单选题

1. 列表[i for i in range(15) if i%5==0]的值是(　　)。
   　　A. [5,10]　　　　　B. [0,5,10,15]　　　　C. [5,10,15]　　　　D. [0,5,10]

2. 若alist=[1,2]，则执行alist.insert(-1,5)后，alist的值是(　　)。
   　　A. [1,2,5]　　　　B. [1,5,2]　　　　C. [5,1,2]　　　　D. [5,2,1]

3. 关于列表数据结构，下面描述正确的是(　　)。
   　　A. 不支持in运算符
   　　B. 可以不按顺序查找元素
   　　C. 必须按顺序插入元素
   　　D. 所有元素类型必须相同

4. 执行以下两条语句后，lst的结果是(　　)。

   lst=[3,2,1]

   lst.append(lst)

   　　A. 出现异常错误　　　　B. [3,2,1,[…]]，其中"…"表示无穷递归
   　　C. [3,2,1,[3,2,1]]　　　　D. [3,2,1,lst]

5. 下面选项中属于 Python 可更改数据类型的是(   )。

    A. 字符串   B. 元组   C. 列表   D. 数字

6. 列表中的元素排序，可以通过在 sort()中添加 reverse 参数来实现，表示降序排列的参数值等于(   )。

    A. True   B. true   C. False   D. false

7. 下列关于元组的说法，错误的是(   )。

    A. 元组中的元素不能改变和删除

    B. 元组没有 append()或 extend()方法

    C. 元组在定义时所有元素放在一对圆括号"()"中

    D. 用 sort()方法可对元组中的元素排序

8. 在下列表达式中，不合法的元组是(   )。

    A. (20,)   B. ('runoob)   C. ()   D. (123,'runoob')

9. 下列关于字典的定义，错误的是(   )。

    A. 值可以是任意类型的 Python 对象

    B. 属于 Python 中的不可变类型

    C. 字典元素用大括号{}包裹

    D. 由键值(key-value)对构成

10. Python 的序列类型不包括(   )。

    A. 字符串   B. 字典   C. 元组   D. 列表

11. 对于字典 dic={'abc':123,'def':456,'ghi':789}，len(dic)的结果是(   )。

    A. 9   B. 12   C. 3   D. 6

12. 在下列语句中，定义了一个 Python 字典的是(   )。

    A. [1,2,3]   B. (1,2,3)   C. {1,2,3}   D. {}

13. 在下列语句中，不能创建一个字典的语句是(   )。

    A. dict={}   B. dict={4:6}

    C. dict={(4,5,6): 'dictionary '}   D. dict=([4,5,6]: 'dictionary')

14. 表达式"[2] in[1,2,3,4]"的值是(   )。

    A. Yes   B. NO   C. True   D. False

15. max((1,2,3)*2)的值是(   )。

    A. 3   B. 4   C. 5   D. 6

16. 下列选项中与 s[0:-1]表示的含义相同的是(   )。

    A. s[-1]   B. s[:]   C. s[:len(s)-1]   D. s[0:len(s)]

17. 对于列表 L=[1,2, 'Python',[1,2,3,4,5]],L[-3]的值是()。

    A. 1   B. 2   C. Python   D. [1,2,3,4,5]

18. tuple(range(2,10,2))的返回结果是(   )。

    A. [2,4,6,8]   B. [2,4,6,8,10]   C. (2,4,6,8)   D. (2,4,6,8,10)

19. 下列程序执行后，p 的值是(   )。

```
a=[[1,2,3],[4,5,6],[7,8,9]]
p=1
```

```
    for i in range(len(a)):
        p*=a[i][i]
    print(p)
```
  A. 15   B. 45   C. 28   D. 6

20．下列 Python 程序的运行结果是(　　)。
```
    s=[1,2,3,4]
    s.append([5,6])
    print(len(s))
```
  A. 2   B. 4   C. 5   D. 6

21．下列 Python 程序的运行结果是(　　)。
```
    s1=[4,5,6]
    s2=s1
    s1[1]=0
    print(s2)
```
  A. [4,5,6]   B. [4,0,6]   C. [0,5,6]   D. [4,5,0]

22．Python 语句 print(type({1:1,2:2,3:3,4:4}))的输出结果是(　　)。
  A. <class 'tuple'>   B. <class 'dict'>
  C. <class 'set'>   D. <class 'frozenset'>

23．以下不能创建字典的语句是(　　)。
  A. dict1={}   B. dic2={3:5}
  C. dic3=dic([2,5][3,4])   D. dict4=dict(([1,2],[3,4]))

24．对于字典 D={'A':10,'B':20,'C':30,'D':40}，对第 4 个字典元素的访问形式是(　　)。
  A. D[3]   B. D[4]   C. D[D]   D. D['D']

25．对于字典 D={'A':10,'B':20,'C':30,'D':40}，sum(list(D.values()))的值是(　　)。
  A. 10   B. 100   C. 40   D. 200

26．以下不能创建集合的语句是(　　)。
  A. s1=set()   B. s2=set("abcd")
  C. s3={}   D. s4=frozenset((3,2,1))

27．设 a=set([1,2,2,3,3,3,4,4,4,4])，则 a.remove(4)执行后，a 的值是(　　)。
  A. {1,2,3}   B. {1,2,2,3,3,3,4,4,4}
  C. {1,2,2,3,3,3}   D. [1,2,2,3,3,3,4,4,4]

28．下列语句执行后的结果是(　　)。
```
    fruits={'apple': 3, 'banana': 4,'pear': 5}
    fruits['banana']=7
    print(sum(fruits.values()))
```
  A. 7   B. 19   C. 12   D. 15

29．下列语句执行后的结果是(　　)。
```
    d1={1: "food"}
    d2={1: "食品",2: "饮料"}
```

```
d1.update(d2)
print(d1[1])
```

    A. 食品   B. 2   C. 饮料   D. 1

30. 下列 Python 程序的运行结果是(　　)。

```
s1=set([1,2,2,3,3,3,41])
s2={1,2,5,6,4}
print(s1 & s2-s1.intersection(s2))
```

    A. {1,2,4}   B. set()   C. [1,2,2,3,3,3,4]   D. {1,2,5,6,4}

二、填空题

1. 序列元素的编号称为＿＿＿＿。它从＿＿＿＿开始，访问序列元素时将它用＿＿＿＿括起来。

2. 对于列表 x，x.append(a)等价于＿＿＿＿ (用 insert 方法表示)。

3. 设有列表 L=[1,2,3,4,5,6,7,8,9]，则 L[2:4]的值是＿＿＿＿，L[:2]的值是＿＿＿＿，L[−1]的值是＿＿＿＿，L[−1:−1-len(L):−1]的值是＿＿＿＿。

4. Python 表达式[i for i in range(5) if i%2!=0]的值为＿＿＿＿，[i**2 for i in range(3)]的值为＿＿＿＿。

5. Python 语句 first,*middles,last=range(6)执行后，middles 的值为＿＿＿＿，sum(middles)/len(middles)的值为＿＿＿＿。

6. 已知 fruits=['apple', 'banana', 'pear']，print(fruits[-1][-1])的结果是＿＿＿＿，print(fruits.index('apple'))的结果是＿＿＿＿，print('Apple' in fruits)的结果是＿＿＿＿。

7. 下列程序的运行结果是＿＿＿＿。

```
s1=[1,2,3,4]
s2=[5,6,7]
print(len(s1+s2))
```

8. 下列语句执行后，s 值为＿＿＿＿。

```
s=[1,2,3,4,5,6]
s[:1]=[]
s[:2]='a'
s[2:]='b'
s[2:3]=['x','y']
del s[:1]
```

9. 在 Python 中，字典和集合都使用＿＿＿＿作为定界符。字典的每个元素由两部分组成，即＿＿＿＿和＿＿＿＿，其中＿＿＿＿不允许重复。

10. 集合是一个无序、＿＿＿＿的数据集，它包括＿＿＿＿和＿＿＿＿两种类型，前者可以通过大括号或＿＿＿＿函数创建，后者需要通过＿＿＿＿函数创建。

11. 下列语句执行后，di['fruit'][1]的值是＿＿＿＿。

```
di={'fruit':['apple','banana','orange']}
di['fruit'].append("watermelon")
```

12. 语句 print(len({}))的执行结果是＿＿＿＿。

13. 设 a=set([1,2,2,3,3,3,4,4,4,4])，则 sum(a)的值是_____。

14. {1,2,3,4} & {3,4,5}的值是_____。{1,2,3,4}|{3,4,5}的值是_____，{1,2,3,4}-{3,4,5}的值是_____。

15. 设有 s1={1,2,3}，s2={2,3,5}，则 s1.update(s2)执行后，s1 的值为_____，s1.intersection(s2)的执行结果为_____，s1.difference(s2)的执行结果为_____。

16. 下列程序的运行结果是_____。

```
d={1: 'x',2: 'y',3:'z'}
del d[1]
del d[2]
d[1]='A'
print(len(d))
```

17. 下面程序的运行结果是_____。

```
list1={}
list1[1]=1
list1["1"]=3
list1[1]+=2
sum=0
for k in list1:
        sum+=list1[k]
print(sum)
```

18. 下列程序的运行结果是_____。

```
s=set()
for i in range(1,10):
        s.add(i)
print(len(s))
```

三、编程题

1. 编程实现显示如图 4-1 所示的等腰形状的杨辉三角形。

```
            1
          1   1
        1   2   1
      1   3   3   1
    1   4   6   4   1
```

图 4-1　杨辉三角形

2. 中华人民共和国居民身份证号码由 17 位数字和 1 位校验码组成。其中，前 6 位为所在地编号，第 7～14 位为出生年月日，第 15～17 位为登记流水号。其中第 17 位偶数为女性，奇数为男性。校验码的生成规则如下：

将前面的身份证号码 17 位数分别乘以不同的系数。第 1～17 位的系数分别为 7,9,10,5,8,4,2,1,6,3,7,9,10,5,8,4,2，将这 17 位数字和系数相乘的结果相加，用相加的结果与

11 求模，余数结果只可能是 0,1,2,3,4,5,6,7,8,9,10 这 11 个数字，它们分别对应的最后一位身份证的号码为 1,0,X,9,8,7,6,5,4,3,2。例如，如果余数是 2，最后一位数字就是罗马数字 X，如果余数是 10，则身份证的最后一位就是 2。

设计程序实现输入 18 位身份证号，辨别其真伪。若为真，则进一步判断性别；若不是 18 位或身份证号是非法的，则会提示重新输入。

提示：定义如下两个元组，对输入字符串进行遍历。

```
factor=(7,9,10,5,8,4,2,1,6,3,7,9,10,5,8,4,2)
last=("1","0","X","9","8","7","6","5","4","3",'2')
```

第 5 章　函数与模块

　　前面章节中已经使用了一些函数和模块,如最常用的输出函数 print()以及导入 math 模块后就可以使用的 math.sin()等函数。它们作为内置函数(也称系统函数),为 Python 语言的操作运算提供了丰富的功能。在程序设计中,常需要将一些经常重复使用的程序代码定义为函数,方便重复调用执行,以提高程序的模块化和代码的重复利用率,这就是自定义函数。函数对大型程序的开发是很有用的。

Python 函数与
模块(一)

　　模块(module)是 Python 最高级别的程序组织单元,比函数粒度更大,一个模块可以包含若干个函数。与函数类似,模块也分系统模块和用户自定义模块,用户自定义的一个模块就是一个 .py 程序文件。在导入模块之后才可以使用模块中定义的函数,例如要调用 sqrt()函数,就必须用 import 语句导入 math 模块。

5.1　函数的定义与调用

　　在 Python 中,函数的含义不是数学上的函数值与表达式之间的对应关系,而是一种运算或处理过程,即将一个程序段完成的运算或处理放在函数中完成,这就要先定义函数,然后根据需要调用它,而且可以多次调用,这体现了函数的优点。

5.1.1　函数的定义

　　Python 的函数由函数名、参数和函数体组成。自定义函数用 def 关键字声明,函数的命名原则与变量命名相同。函数语句使用缩进表示与函数体的隶属关系。与其他高级语言相比,Python 声明函数时不需要声明其返回类型,也不需要声明参数的传入类型。格式如下:

```
        def<函数名>([形式参数列表]):
            <执行语句>                #函数体
            [return<返回值>]
    例如:
        def myfunc(x, y):
```

```
        return x+y
```
该函数接收两个输入参数，返回它们的和。

对于较为简单的单语句自定义函数，也可写在一行，例如：
```
    def myfunc(x,y): return x+y
```
在函数定义时，用来接收调用该函数时传入的参数称为形式参数(parameter)，简称形参。有些函数可能不需要传递参数，但即使没有参数，也需要有冒号前的空括号。

有些函数可能没有返回值(返回值为 None)。

在程序设计时还可能先建立一个空函数作为占位函数，执行语句仅为占位语句 pass，待以后完善。例如：
```
    def emptfunc():
        pass
```

5.1.2　函数的调用

调用自定义函数与前面调用Python内置函数的方法相同，即在语句中直接使用函数名，并在函数名之后的圆括号中传入参数，多个参数之间以半角逗号隔开。

在调用函数时，实际传递给函数的参数称为实际参数(argument)，简称实参。

注意：调用时，即使不需要传入实际参数，也要带空括号，如 print()函数。

例 5.1　带参数的函数调用示例。

程序如下：
```
    def myfunc(x,y):          #此处 x、y 是形参
        return x+y
    a,b=2.5,3.6
    print('%0.2f+%0.2f=%0.2f'%(a,b,myfunc(a,b)))   #此处括号中的 a、b 是实参
```
程序运行结果为
```
    2.50+3.60=6.10
```
形参和实参在函数中经过计算，以函数名将值返回主调程序。

函数调用时提供的实参应与被调用函数的形参按顺序一一对应，而且参数类型要兼容。通常，将函数定义和函数调用都放在一个程序文件中，然后运行程序文件。

5.2　函数的参数传递

调用带参数的函数时，调用函数与被调用函数之间会有数据传递。形参是函数定义时由用户定义的形式上的变量，实参是函数调用时，主调函数为被调用函数提供的原始数据。

5.2.1　参数传递方式

参见例 5.1，调用函数时，按照函数声明时参数的原有顺序(位置)依次进行参数传递。这是最常见的参数传递方法。

参数传递过程需遵守以下两个规则：

(1) 通过引用将实参复制到局部作用域的函数中，意味着形参与传递给函数的实参无关。这种实参向形参传递数据的方式属于"值传递"，即实参的值传给形参，这是一种单向传递方式，不能由形参返回给实参。在函数执行过程中，形参的值可能被改变，但这种改变对它所对应的实参没有影响。如下面的程序所示。

程序如下：

```
def change(number, string, lst):
    number=5
    string='GoodBye'
    lst=[4,5,6]
    print("Inside: ", number, string,lst)
num=10
string='hello'
lst=[1,2,3]
print('Before: ', num, string, lst)
change(num, string, lst)
print('After: ',num, string,lst)
```

程序运行结果如下：

```
Before:    10 hello [1, 2, 3]
Inside:    5 GoodBye [4, 5, 6]
After:    10 hello [1, 2, 3]
```

从上面的结果可以看出，函数调用前后，数据并没有发生改变，虽然在函数局部区域对传递进来的参数进行了相应的修改，但是仍然不能改变实参对象的内容。因为传递进来的 3 个参数在函数内部进行了相关的修改，相当于 3 个形参分别指向了不同的对象(存储区域)，但这 3 个形参都不改变实参，所以函数调用前后，实参指向的对象并没有发生改变，说明如果在函数内部对参数重新赋值新的对象，这并不会改变实参的对象。这就是函数参数传递的第一个规则。

(2) 可以在适当位置修改可变对象。可变对象主要就是列表和字典，这个适当位置就是前面分析的修改列表或字典的元素不会改变元素的位置。

不可变数据类型，是不能进行修改的，但是对于可变的列表或字典类型，局部区域的值是可以改变的，这和前面分析的一样，如下面的程序所示。

程序如下：

```
def change (lst, dict):
    lst[0]=10
    dict['a']=10
    print("Inside lst={}, dict={}" .format(lst, dict))
dict={"a":1,"b":2,"c":3}
lst=[1, 2, 3, 4, 5]
print("Before lst={}, dict ={}".format(lst,dict))
```

```
change(lst,dict)
print("After lst ={}, dict={}".format(lst,dict))
```
程序运行结果如下：
```
Before lst=[1, 2, 3, 4, 5], dict ={'a': 1, 'b': 2, 'c': 3}
Inside lst=[10, 2, 3, 4, 5],dict={'a': 10, 'b': 2, 'c': 3}
After lst =[10, 2, 3, 4, 5], dict={'a': 10, 'b': 2, 'c': 3}
```
从程序运行结果可以看出，在函数内部修改列表、字典的元素或者没有对传递进来的列表、字典变量重新赋值，而是修改变量的局部元素，这时候就会导致外部实参指向对象内容发生改变。这是函数参数传递规则的第二条，适当的位置指的是对对象进行修改，而不是重新分配一个对象，重新分配一个对象不会影响实参，而对对象进行修改必然影响实参。

在 Python 中采用元组的形式可以返回多个值。如果知道了函数参数的传递特性，完全可以采用函数的参数实现一些基本的操作，如交换两个数的问题，可以采用以下程序：
```
def swap(lst):
    lst[0],lst[1]=lst[1],lst[0]
lst1=list(eval(input("输入要交换的数字： ")))
swap(lst1)
print(lst1)
```
程序运行结果如下：
```
10,20
[20,10]
```
从语句执行结果可知，swap()函数实现了数据的交换。

5.2.2　参数的传递

在调用函数时可以使用不同的参数类型传递数据，包括位置参数、参数赋值、默认值参数和可变长度参数。

Python 函数与
模块(二)

1. 按参数位置传递

函数调用时的参数传递通常采用按位置匹配的方式进行，即实参按顺序传递给相应位置的形参。这里实参的数目应与形参的数目完全匹配。例如，调用函数 mysum()，一定要传递两个参数，否则会出现一个语法错误。例如：
```
def mysum(x,y):
    return x+y
mysum(5,4)
mysum(54)                    #缺一个参数
```
程序运行结果如下：
```
mysum(54)
TypeError: mysum() missing 1 required positional argument: 'y'
```

2. 参数赋值和参数默认值传递

在调用函数时，也可在调用函数名后的圆括号内用"形参变量名=参数值"的方式传递参数，这种方式不必按照定义函数时原有的参数顺序。例如，将例 5.1 中的函数调用部分改为 myfunc(y=b,x=a)也可以得到同样的结果。

在定义函数时，可以同时定义默认参数。调用该函数时，如果没有传递同名形参，则会使用默认参数值。

例 5.2 带默认参数的函数调用示例。

程序如下：

```
def myfunc(x,y=2):
    return x+y
a,b=2.5,3.6
print('%0.2f+默认值=%0.2f'%(a,myfunc(x=a)))
print('%0.2f+%0.2f=%0.2f'%(a,b,myfunc(y=b,x=a)))
```

程序运行结果如下：

```
2.50+默认值=4.50
2.50+3.60=6.10
```

3. 元组类型可变长参数传递

使用可变长参数可让 Python 的函数处理比初始声明时有更多的参数。在函数声明时，若在某个参数名称前面加一个星号"*"，则表示该参数是一个元组类型的可变长参数。在调用该函数时，依次将必须赋值的参数赋值完毕后，将继续依次从调用时所提供的参数元组中接收元素值为可变长参数赋值。

如果在函数调用时没有提供元组类型参数，相当于提供了一个空元组，即不必传递可变长参数。

例 5.3 带元组类型可变长参数的函数调用示例。

程序如下：

```
def printse_series(d, *dtup):
    print('必须参数：',d)
    if len(dtup)!=0:
        print('元组参数：',end=' ')
        for i in dtup:
            print(i, end=' ')
printse_series(10)
printse_series(10, 20, 30, 40)
```

程序运行结果如下：

```
必须参数：   10
必须参数：   10
元组参数：   20 30 40
```

注意：所有其他类型的形参，必须在可变参数之前出现。

4. 字典类型可变长参数传递

在函数声明时，若在其某个参数名称前面加两个星号"**"，则表示该参数是一个字典类型的可变长参数。在调用该函数时，以实参变量名等于字典值的方式传递参数，由函数自动按字典值接收，实参变量名以字符形式作为字典的键。因为字典是无序的，因此字典的键值对也不分先后顺序。

如果在函数调用时没有提供字典类型参数，则相当于提供了一个空字典，即不必传递可变长参数。

例5.4 带字典类型可变长参数的函数调用示例。

程序如下：

```
def myvar2(**t):
    print(t)
myvar2(x=1,y=2,z=3)
myvar2(name='bren',age=23)
```

程序运行结果如下：

```
{'x': 1, 'y': 2, 'z': 3}
{'name': 'bren', 'age': 23}
```

例5.5 带元组类型和字典类型可变长参数的函数调用示例。

程序如下：

```
def printse_series2(d, *dtup,**ddic):
    print('必须参数：',d)
    if len(dtup)!=0:
        print('元组参数：',end=' ')
        for i in dtup:
            print(i, end=' ')
    if len(ddic)!=0:
        print('\n 字典参数：',ddic)
        for k in ddic:
            print('%s 对应%s'%(k,ddic[k]))
printse_series2(1,2,3,4,5,6,x=10,y=20,z=30)
```

程序运行结果如下：

```
必须参数：  1
元组参数：  2 3 4 5 6
字典参数：  {'x': 10, 'y': 20, 'z': 30}
x 对应 10
y 对应 20
z 对应 30
```

5.3　函数中变量的作用域

　　变量的作用域是指在程序中能够对该变量进行读/写操作的范围。根据作用域的不同，变量分为函数中定义的变量(local，简称 L)、嵌套中父级函数的局部作用域变量(enclosing，简称 E)、模块级别定义的全局变量(Global，简称 G)和内置模块中的变量(built-in，简称 B)。

Python 函数与模块(三)

　　程序执行对变量的搜索和读/写时，优先级由近及远，即函数中定义的变量 > 嵌套中父级函数的局部作用域变量 > 模块级别定义的全局变量 > 内置模块中的变量，也就是 LEGB。

　　Python 允许出现同名变量，若具有相同命名标识的变量出现在不同的函数体中，则各自代表不同的对象，既相不干扰，也不能相互访问；若具有相同命名标识的变量在同一个函数体中具有函数嵌套关系，则不同作用域的变量也各自代表不同的对象，程序执行时按优先级进行访问。

　　例 5.6　变量作用域测试。

　　程序如下：

```
        x=0                                 # global    模块变量
        def outer():
            x=11                            # enclosing
            def inner():
                x=20                        # local
                print('local:x=',x)         #x=20
            inner()
            print('enclosing: x=',x)        #x=11
        outer()
        print('global: x=',x)              #x=0
```

　　程序运行结果如下：

```
        local:x= 20
        enclosing: x= 11
        global: x= 0
```

　　在默认条件下，不属于当前局部作用域的变量是只读的，如果为其进行赋值操作，则 Python 认为是在当前作用域又声明了一个新的同名局部变量。

　　当内部作用域变量需要修改 global 全局作用域的变量的值时，要在内部作用域使用 global 关键字对变量进行声明。

　　同理，当内部作用域变量需要修改 enclosing 类型(嵌套中父级函数)的局部作用域变量的值时，要在内部作用域使用 nonlocal 关键字对变量进行声明。

　　例 5.7　全局变量声明测试。

程序如下：

```
sum=0
def func():
    global sum          #用 global 关键字声明对全局变量的改写操作
    print(sum)          #累加前    sum=0
    for i in range(8):
        sum+=1
    print(sum)          #累加后  sum=8
func()
print(sum)              #观察执行函数后全局变量发生变化
```

程序运行结果如下：

```
0
8
8
```

例 5.8　嵌套中父级函数中变量声明测试。

程序如下：

```
def make_counter():
    count = 0
    def counter():
        nonlocal count
        count += 1
        return count
    return counter
def make_counter_test():
    mc = make_counter()
    print(mc())
    print(mc())
    print(mc())
make_counter_test()
```

程序运行结果如下：

```
1
2
3
```

在程序中定义全局变量的主要目的是，为函数间的数据传递提供一个直接的通道。在某些应用中，函数将执行结果保留在全局变量中，使函数能返回多个值。在另一些应用中，将部分参数信息放在全局变量中，以减少函数调用时的参数传递。因程序中的多个函数能使用全局变量，其中某个函数改变全局变量的值就可能影响其他函数的执行，产生副作用。因此，不宜过多使用全局变量。

5.4　匿名函数和递归函数

Python 有两类特殊函数：匿名函数和递归函数。匿名函数是指没有函数名的简单函数，只可以包含一个表达式，不允许包含其他复杂的语句，表达式的结果是函数的返回值。递归函数是指直接或间接调用函数本身的函数。递归函数反映了一种逻辑思想，用它来解决某些问题时会很简单。

1. 匿名函数

Python 使用 lambda 来创建匿名函数，在 lambda 表达式中封装简单　　匿名、递归函数的逻辑，其主体仅是一个表达式而不需要使用代码块。

匿名函数适合于处理不再需要在其他位置复用代码的函数逻辑，可以省去函数的定义过程，无须考虑函数的命名，让代码更加简洁，可读性更好。其通式为

　　　　<函数对象名>=lambda<形式参数列表>:<表达式>

例如：

　　　　def add (x,y):

　　　　　　　return x+y

可定义为匿名函数：

　　　　func=lambda x,y: x+y

函数对象名可以作为函数直接调用，对于上例，可以这样调用：

　　　　a,b=2.5,3.6

　　　　sum+=func(a,b)

或直接调用：

　　　　(lambda x, y:x+y) (2.5, 3.6)

其结果都是 6.1。

匿名函数也可嵌套条件分支，完成较为复杂的逻辑。例如，返回 x 和 y 中的较大值，代码如下：

　　　　>>>mymax=lambda x,y: x if x>=y else y

　　　　>>>mymax(2,3)

　　　　3

2. 递归函数

递归(recursion)是一种直接或者间接调用函数自身的算法，其实质是把问题分解成规模缩小的同类子问题，然后递归调用表示问题的解。

能够设计成递归算法的问题必须满足两个条件：能找到反复执行的过程(调用自身)和能找到跳出反复执行过程的条件(递归出口)。

例 5.9　设 n 为大于等于 1 的正整数，用函数递归的方法求阶乘 n！，本例求解 5！。

分析：n！可表示为

$$n! = \begin{cases} 1 & n = 1 \\ n(n-1) & n > 1 \end{cases}$$

由此可以设计一个计算阶乘的函数 recursive(n)，调用自己并返回 n* recursive(n-1)。

程序如下：

```
def   recursive(n):
    if n==1:
        return 1
    else:
        return n*recursive(n-1)
a=5
print('%d!=%d'%(a, recursive (a)))
```

程序运行结果如下：

```
5!=120
```

例 5.10   计算 Fibonacci 数列第 30 项的值。

分析：Fibonacci 数列的前两项是 0 和 1，除前两项外，以后每项的值均等于其前两项之和，即 0，1，1，2，3，5，8，13，21，…，由此可设计函数。

Fibonacci(i)的递归表达为：Fibonacci(i-1)+ Fibonacci(i-2)

程序如下：

```
def   Fibonacci(i):
    if i==0:
        return 0
    elif i==1:
        return 1
    else:
        return Fibonacci(i-1)+ Fibonacci(i-2)
n=30
print('Fibonacci 数的第%d 项为%d'%(n, Fibonacci(n)))
```

程序运行结果如下：

```
Fibonacci 数的第 30 项为 832040
```

递归函数的特点：当一个问题蕴含了递归关系且结构比较复杂时，采用递归函数可以使程序变得简洁、紧凑，能够很容易地解决一些用非递归算法很难解决的问题；但递归函数是以牺牲存储空间为代价的，因为每次递归调用都要保存相关的参数和变量，而且递归函数因反复调用函数会影响程序执行速度，增加时间开销。

所有的递归函数都可以用非递归的算法实现，并且已经有了固定的算法。如何将递归函数转化为非递归的算法已经超出了本书的范围，感兴趣的读者可以参看有关数据结构的文献资料。

5.5　模　　块

Python 模块可以在逻辑上组织 Python 程序，将相关的程序组织到一个模块中，使程序具有良好的结构，增加程序的重复利用率。模块可以被别的程序导入，以调用该模块中的函数，这也是使用 Python 标准库模块的方法。

Python 函数与
模块(五)

5.5.1　模块的定义与使用

Python 模块是比函数更高级别的程序组织单元，一个模块可以包含若干个函数。与函数相似，模块也分标准库模块和用户自定义模块。

1. 标准库模块

标准库模块是 Python 自带的函数模块，也称为标准链接库。Python 提供了大量的标准库模块，实现了很多常见功能，包括数学运算、字符串处理、操作系统功能、网络和 Internet 编程、图形绘制、图形用户界面创建等，这些为应用程序开发提供了强大支持。

标准库模块并不是 Python 语言的组成部分，而是由专业开发人员预先设计好并随 Python 语言提供给用户使用的。用户可以在安装了标准 Python 系统的情况下，通过导入命令来使用所需要的模块。

标准库模块种类繁多，用户可以使用 Python 的联机帮助命令来了解和熟悉标准库模块。

2. 用户自定义模块

用户自定义一个模块就是建立一个 Python 程序文件，其中包括变量、函数的定义。下面是一个简单的用户自定义模块，程序文件名为 support.py。

```
def print_func(par):
    print("Hello: ",par)
```

一个 Python 程序可通过导入一个模块来读取这个模块的内容。导入从本质上讲，就是在一个文件中载入另一个文件，并且读取其中的内容。用户可以通过执行 import 语句来导入 Python 模块，语句格式如下：

```
import 模块名 1[,模块名 2[…,模块名 n]]
```

当 Python 解释器执行 import 语句时，如果模块文件出现在搜索路径中，则导入相应的模块。例如：

```
>>>import support
>>> support.print_func("Brenden")
Hello: Brenden
```

其中，第一个语句导入 support 模块，第二个语句调用模块中定义的 print_func()函数，函数执行后可得到相应的结果。

Python 的 from 语句可以从一个模块中导入特定的项目到当前的命名空间，语句格式如下：

```
from 模块名 import 项目名 1[,项目名 2,[……项目名 n]]
```

此语句没有将整个模块导入当前的命名空间，而是导入指定的项目，这时在调用函数时不要加模块名作为限制。例如：

> >>>from support import print_func   #导入模块中的函数
> >>> print func("Brenden")   #调用模块中定义的函数
> Hello: Brenden

也可以通过使用下面形式的 import 语句将模块的所有项目导入当前的命名空间：

> from 模块名 import *

例 5.11   创建一个 fibo.py 模块，其中包含两个求 Fibonacci 数列的函数，然后导入该模块并调用其中的函数。

首先创建一个 fibo.py 模块。

程序如下：

```
def fib1(n):
    a,b=0,1
    while b<n:
        print(b, end='   ')
        a,b=b,a+b
    print()


def fib2(n):
    a1,b1=0,1
    result=[]
    while b1<n:
        result.append(b1)
        a1,b1=b1,a1+b1
    return result
```

然后进入 Python 解释器，使用下面的语句导入这个模块：

> >>>import fibo

这里并没有把直接定义在 fibo 模块中的函数名称写入到语句中，所以需要使用模块名来调用函数。例如：

> >>>fibo.fib1(1000)
> 1 1 2 3 5 8 13 21 34 55 89 144 233 377 610 987
> >>> fibo.fib2(100)
> [1,1,2,3,5,8,13,21,34,55,89]

还可以一次性把模块中的所有函数、变量都导入当前命名空间，这样就可以直接调用函数。例如：

> >>>from fibo import *
> >>>fib1(500)
> 1 1 2 3 5 8 13 21 34 55 89 144 233 377

这将把所有的名称都导入进来，但是那些名称由单一下画线(_)开头的项目不在此列。大多数情况下，Python 程序员不使用这种方法，因为导入的其他来源的项目名称，很可能覆盖已有的定义。

5.5.2　Python 程序结构

Python 函数与
模块(六)

简单的程序可以只用一个程序文件实现，但对于绝大多数 Python 程序，一般都是由多个程序文件组成的，其中每个程序文件就是一个.py 源程序文件。Python 程序结构是指将一个求解问题的程序分解为若干源程序文件以及将这些文件连接在一起的方法。

Python 程序通常由一个主程序以及多个模块组成。主程序定义了程序的主控流程，是执行程序时的启动文件，属于顶层文件。模块则是函数库，相当于子程序。模块是用户自定义函数的集合体，主程序可以调用模块中定义的函数来完成应用程序的功能，还可以调用标准库模块，同时模块也可以调用其他模块或标准库模块定义的函数。

假设一个由三个程序文件 a.py、b.py 和 c.py 组成的 Python 程序结构，其中 a.py 是主程序，b.py 和 c.py 是模块。a 调用 b、c，c 调用 b。程序从 a 开始执行。

模块 b.py 文件内容如下：

```
import math
def hello(person):
    print("Hello",person)
def bye(person):
    print("Bye", person)
def disp(r):
    print(math.pi*r*r)
```

模块 c.py 文件内容如下：

```
import b
def show(n):
    b.disp(n)
```

主程序 a.py 文件内容如下：

```
import b,c
b.hello("Jack")
b.bye("Jack")
c.show(10)
```

主程序 a 中调用了模块 b 和 c，而模块 b 调用了标准模块 math，模块 c 又调用了模块 b，运行 a.py(>>>import a)，得到结果如下：

```
Hello Jack
Bye Jack
314.1592653589793
```

5.5.3　模块的有条件执行

每一个 Python 程序文件都可以当成一个模块，模块以磁盘文件的形式存在。模块可以是一段可以直接执行的程序(也称为脚本)，也可以定义一些变量、类或函数，让别的模块导入和调用，类似于库函数。

模块中的定义部分，如全局变量定义、类定义、函数定义等，因为没有程序执行入口，所以不能直接运行，但对主程序代码部分有时希望只让它在模块直接执行的时候才执行，被其他模块加载时不执行。在 Python 中，可以通过系统变量__name__(注意前后都是两个下画线)的值来区分这两种情况。

__name__是一个全局变量，在某模块内部是用来标识模块名称的。如果该模块是被其他模块导入的，__name__的值是该模块的名称，主动执行时它的值就是字符串"__name__"，例如，建立模块 m.py，文件内容如下：

```
def test():
    print(__name__)
test()
```

在 Python 交互方式下第一次执行 import 导入命令，可以看到打印的__name__值就是模块的名称，结果如下：

```
>>> import m
m
```

如果通过 Python 解释器直接执行模块，则__name__会被设置为"__main__"这个字符串值，结果如下：

```
__main__
```

通过__name__变量的这个特性，可以将一个模块文件既作为普通的模块库供其他模块使用，又可以作为一个可执行文件进行执行，具体做法是在程序执行入口之前加上 if 判断语句，即模块 m.py 写成：

```
def test ():
    print(__name__)
if __name__=='__main__':
    test()
```

当使用 import 命令导入 m.py 时，__name__变量的值是模块名"m"，所以不执行 test()函数调用。当直接运行 m.py 时，__name__变量的值是"__main__"，所以执行 test()函数调用。

5.6　函数应用举例

应用计算机求解复杂的实际问题，总是把一个任务按功能分成若干个子任务，每个子任务还可再进一步分解。一个子任务称为一个功能模块，在 Python 中用函数实现。一个大型程序往往由许多函数组成，这样便于程序的调试和维护，所以设计功能和数据独立的函数是软件开发中的最基本的工作。

下面通过一些例子说明函数的应用。

Python 函数与
模块(七)

例 5.12　求 $y = \mathrm{e}^2 + \sum_{n=1}^{100} \dfrac{1 + \ln n}{2\pi}$ 。

分析：定义一个匿名函数求累加项，循环控制累加 100 次。

程序如下：

```
from math import *
f=lambda n:(1+log(n))/(2*pi)
y=exp(2.0)
for n in range(1,101):
    y+=f(n)
print("y=",y)
```

程序运行结果如下：

```
y=81.19547002494745
```

例 5.13　先定义函数求 $\sum_{i=1}^{n} i^m$ ，然后调用该函数求 $s = \sum_{k=1}^{100} k + \sum_{k=1}^{50} k^2 + \sum_{k=1}^{10} \dfrac{1}{k}$ 。

程序如下：

```
def mysum(n,m):
    s=0
    for i in range(1,n+1):
        s+=i**m
    return s
def main():
    s=mysum(100,1)+mysum(50,2)+mysum(10,-1)
    print("s=",s)
main()
```

程序运行结果如下：

```
s=47977.92896825397
```

例 5.14　设计一个程序，求同时满足下列两个条件的分数 x 的个数：

(1) $1/6 < x < 1/5$；

(2) x 的分子、分母都是素数且分母是两位数。

分析：设 x=m/n，根据条件(2)，有 $10 \leqslant n \leqslant 99$；根据条件(1)，有 $5m \leqslant n \leqslant 6m$，并且 n、m 均为素数。用穷举法来求解这个问题，并设计一个函数来判断一个数是否为素数，若是素数则返回值 True，否则为 False。

程序如下：

```
from math import *
def isprime (n):
```

```
        found=True
        for j in range(2, int(sqrt(n)+1)):
            if n%j==0: found=False
        return found
    def main():
        count=0
        for n in range (11, 100):
            if isprime(n):
                for m in range(n//6+1, n//5+1):
                    if isprime(m):
                        print("{:d}/{:d} ".format(m, n))
                        count+=1
        print("满足条件的数有{:d}个".format(count))
    main()
```

程序运行结果如下：

2/11

3/17

5/29

7/37

7/41

11/59

11/61

13/67

13/71

13/73

17/89

17/97

19/97

满足条件的数有 13 个

例 5.15　汉诺塔问题。有 3 根柱子 A、B、C，A 上堆放了 n 个盘子，盘子大小不等，大的在下，小的在上，如图 5-1 所示。现在要求把这 n 个盘子从 A 搬到 C，在搬动过程中可以借助 B 作为中转，每次只允许搬动一个盘子，且在移动过程中在 3 根柱子上都保持大盘在下，小盘在上。要求打印出移动的步骤。

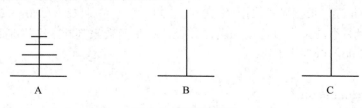

图 5-1　汉诺塔问题

分析：汉诺塔问题是典型的递归问题。分析发现，想把 A 上的 n 个盘子搬到 C 上，必须先把 A 上面的 n–1 个盘子搬到 B，然后把第 n 个盘子搬到 C，最后再把 n–1 个盘子搬到 C 上。整个过程可以分解为以下 3 个步骤：

(1) 将 A 上 n–1 个盘子借助 C 先移到 B 上。

(2) 把 A 上剩下的一个盘子移到 C 上。

(3) 将 n–1 个盘子从 B 借助于 A 移到 C 上。

也就是说，要解决 n 个盘子的问题，先要解决 n–1 个盘子的问题。而这个问题与前一个是类似的，可以用相同的办法解决。最终会达到只有一个盘子的情况，这时直接把盘子从 A 搬到 C 上即可。

例如，将 3 个盘子从 A 移到 C 可以分为如下 3 步：

(1) 将 A 上的 1～2 号盘子借助于 C 移至 B 上。

(2) 将 A 上的 3 号盘子移至 C 上。

(3) 将 B 上的 1～2 号盘子借助于 A 移至 C 上。

步骤(1)又可分解成如下 3 步：

① 将 A 上的 1 号盘子从 A 移至 C 上。

② 将 A 上的 2 号盘子从 A 移至 B 上。

③ 将 C 上的 1 号盘子从 C 移至 B 上。

步骤(3)也可分解为如下 3 步：

① 将 B 上的 1 号盘子从 B 移至 A 上

② 将 B 上的 2 号盘子从 B 移至 C 上。

③ 将 A 上的 1 号盘子从 A 移至 C 上。

综合上述移动，将 3 只盘子由 A 移到 C 需要如下的移动步骤：

1 号盘子 A→C，2 号盘子 A→B，1 号盘子 C→B，3 号盘子 A→C，1 号盘子 B→A，2 号盘子 B→C，1 号盘子 A→C。

可以把上面的步骤归纳为两类操作：

(1) 将 1～n–1 号盘子从一个柱子移动到另一个柱子上

(2) 将 n 号盘子从一个柱子移动到另一个柱子上。

基于以上分析，分别用两个函数实现上述两类操作，用 hanoi 函数实现上述第一类操作，用 move 函数实现上述第二类操作。hanoi 函数是一个递归函数，可以实现将 n 个盘子从一个柱子借助于中间柱子移动到另一个柱子上，如果 n 不为 1，以 n–1 作实参调用自身，即将 n–1 个盘子移动，依次调用自身，直到 n 等于 1，结束递归调用。move 函数实现将 1 个盘子从一个柱子移至另一个柱子的过程。

程序如下：

```
cnt=0                    #统计移动次数，cnt 是一个全局变量
def hanoi(n, a, b, c):
    global cnt
```

```
        if n==1:
            cnt+=1
            move(n, a, c)
        else:
            hanoi(n-1, a, c,b)
            cnt+=1
            move(n, a, c)
            hanoi(n-1, b, a, c)
    def move(n, x, y):
        print ("{:5d}:{:s}{:d}{:s}{:s}{:s}{:s}.".format(cnt, "Move disk ",n, "from tower
",x, "to tower ",y))
    def main():
        print ("TOWERS OF HANOI: ")
        print("The Problem starts with n plates on tower A, ")
        print("Input the number of plates: ")
        n=eval(input("输入盘子个数： "))
        print("The step to moving {:d} plates: ".format(n))
        hanoi(n, "A","B","C")          #借助 B 将 n 个盘子从 A 移至 C
    main()
```

若在程序运行过程中输入盘子个数为 3，则程序运行结果如下：

TOWERS OF HANOI:

The Problem starts with n plates on tower A,

Input the number of plates:

输入盘子个数：3

The step to moving 3 plates:

       1:Move disk 1 from tower A to tower C.

       2:Move disk 2 from tower A to tower B.

       3:Move disk 1 from tower C to tower B.

       4:Move disk 3 from tower A to tower C.

       5:Move disk 1 from tower B to tower A.

       6:Move disk 2 from tower B to tower C.

       7:Move disk 1 from tower A to tower C.

从程序的运行结果可以看出，只需 7 步就可以将 3 个盘子由 A 柱移到 C 柱上。但是随着盘子数增加，所需步数会迅速增加。实际上，如果要将 64 个盘子全部由 A 柱移到 C 柱，共需 $2^{64}-1$ 步。这个数字有多大呢？假定以每秒钟一步的速度移动盘子，日夜不停，则需要大约 5800 亿年才能完成。

习题 5

一、单选题

1. 下列选项中不属于函数优点的是(　　)。
    A. 减少代码重复
    B. 使程序模块化
    C. 使程序便于阅读
    D. 便于发挥程序员的创造力

2. 关于函数的说法中正确的是(　　)。
    A. 函数定义时必须有形参
    B. 函数中定义的变量只在该函数体中起作用
    C. 函数定义时必须带 return 语句
    D. 实参与形参的个数可以不相同，类型可以任意

3. 以下关于函数说法中正确的是(　　)。
    A.函数的实参和形式参数必须同名
    B.函数的形参既可以是变量也可以是常量
    C.函数的实参不可以是表达式
    D.函数的实参可以是其他函数的调用

4. 函数调用时所提供的参数可以是(　　)。
    A. 常量
    B. 变量
    C. 函数
    D. 以上都可以

5. 用于将数字转换成字符的函数是(　　)。
    A. ord()
    B. oct()
    C. hex()
    D. chr()

6. 用于将一个整数转换为一个八进制字符串的函数是(　　)。
    A. oct()
    B. chr()
    C. ord()
    D. hex()

7. 下列程序的运行结果是(　　)。
```
def f(a,b):
    a=4
    return a+b
def main():
    a=5
    b=6
    print(f(a,b),a+b)
main()
```
    A. 10 10
    B. 11 11
    C. 11 10
    D. 10 11

8. 有以下两个程序：
程序一：
```
x=[1,2,3]
def f(x):
```

```
        x=x+[4]
    f(x)
    print(x)
程序二：
    x=[1,2,3]
    def f(x):
        x+=[4]
    f(x)
    print(x)
```

下列说法正确的是(   )。

    A. 两个程序均能正确运行，但结果不同   B. 两个程序的运行结果相同

    C. 程序一能正确运行，程序二不能   D. 程序一不能正确运行，程序二能

9. 已知 f=lambda x,y:x+y，则 f([4],[1,2,3])的值是(   )。

    A. [1,2,3,4]   B. 10   C. [4,1,2,3]   D. {1,2,3,4}

10. 下列程序的运行结果是()。

```
    f=[lambda x=1: x*2, lambda x: x**2]
    print(f[1](f[0](3)))
```

    A.1   B. 6   C.9   D.36

11. 下列程序的运行结果是(   )。

```
    def f(x=2, y=0):
        return x-y
    y=f(y=f(),x=5)
    print(y)
```

    A. −3   B. 3   C. 2   D. 5

12. output.py 文件和 test.py 文件内容如下，且 output.py 和 test.py 位于同一文件夹中，那么 test.py 的运行结果是(   )。

```
    #output.py
    def show():
        print(__name__)
    #test.py
    import output
    if __name__ == __main__:
        output.show()
```

    A. output   B. __name__   C. test   D. __main__

二、填空题

1. 函数首部以关键字_____开始，最后以_____结束。

2. 使用关键字_____可以在一个函数中设置一个全局变量。

3. 下列程序的运行结果是(   )。

```
counter=1
num=0
def TestVariable():
    global counter
    for i in (1,2,3): counter+=1
    num=10
TestVariable()
print(counter, num)
```

4. 设有 f=lambda x,y:{x:y}，则 f(5,10)的值是_____。

5. Python 包含了数量众多的模块，通过_____语句，可以导入模块，并使用其定义的功能。

6. 设 Python 中有模块 m，如果希望同时导入 m 中的所有成员，则可以采用_____的导入形式。

7. Python 中每个模块都有一个名称，通过特殊变量_____可以获取模块的名称。特别是，当一个模块被用户单独运行时，模块名称为_____。

8. 建立模块 a.py，模块内容如下：

```
def B():
    print("BBB")
def A():
    print("AAA")
```

为了调用模块中的 A()函数，应先使用语句_____。

三、编程题

1. 编写程序，求 S = A! + B! + C!，阶乘的计算定义为一个函数，主程序求和。

2. 编写求解一元二次方程 $ax^2 + bx + c = 0$ 根的过程，要求输入系数 a、b、c 和输出根 x1、x2 的操作放在主程序中，求解根的部分通过一个函数实现。

3. 编写两个函数，分别求两个正整数的最大公约数和最小公倍数，在主程序中输入两个数，并输出结果。

第6章 文　件

Python 文件(一)

在实际的应用系统中，输入/输出数据可以在标准输入/输出设备上进行，但在数据量大、数据访问频繁以及数据处理结果需长期保存的情况下，一般将数据以文件的形式保存。文件是存储在外部介质(如磁盘)上的用文件名标识的数据集合。如果想访问存放在外部介质上的数据，必须先按文件名找到所指定的文件，然后再从该文件中读取数据。如果要向外部介质存储数据，也必须先建立一个文件(以文件名标识)，才能向它写入数据。

文件操作是一种基本的输入/输出方式，在实际问题求解过程中经常碰到。数据以文件的形式进行存储，操作系统以文件为单位对数据进行管理，文件系统仍是高级语言普遍采用的数据管理方式。

6.1　文件的概念

文件(file)是存储在外部介质上一组相关信息的集合。例如，程序文件是程序代码的集合，数据文件是数据的集合。每个文件都有一个文件名。在程序运行时，常常需要将一些数据(运行的中间数据或最终结果)输出到磁盘上存放起来，以后需要时再从磁盘中读入计算机内存，这就要用到磁盘文件。磁盘既可作为输入设备，也可作为输出设备，因此，有磁盘输入文件和磁盘输出文件。除磁盘文件外，操作系统把每一个与主机相连的输入/输出设备都作为文件来管理，称为标准输入/输出文件。例如，键盘是标准输入文件，显示器和打印机是标准输出文件。

根据文件数据的组织形式，Python 的文件可分为文本文件和二进制文件。文本文件以字节为基本单位存放字符的编码。二进制文件是把内存中的数据按其在内存中的存储形式原样输出到磁盘上存放，图形图像文件、音频视频文件、可执行文件等都是常见的二进制文件。

在文本文件中，以字节方式存储字符，便于对字符进行逐个处理，也便于输出字符，但一般占用存储空间较多。在二进制文件中，用二进制形式存储数据，可以节省外存空间，但一个字节并不对应一个字符，不能直接输出字符形式。一般中间结果数据是需要暂时保存在外存中且以后又需要读入内存的，所以常用二进制文件保存。

6.2 文件的基本操作

无论是文本文件还是二进制文件，其操作过程都是一样的，即首先打开文件并创建文件对象，然后通过该文件对象对文件内容进行读/写操作，最后关闭文件。

文件的读(read)操作就是从文件中取出数据，再输入计算机内存；文件的写(write)操作是向文件写入数据，即将内存数据输出到文件。这里，读/写操作是相对于文件而言的，而输入/输出操作是相对于内存而言的，对文件的读/写过程就是实现数据输入/输出的过程。"读"与"输入"指的是同一过程，"写"与"输出"指的也是同一过程，只是针对的角度不同。

6.2.1 打开文件

Python 提供了基本的函数和对文件进行操作的方法。要读取或写入文件，必须使用内置的 open()函数来打开它。该函数创建一个文件对象，用户可以使用文件对象来完成各种文件操作。open()函数的格式为

    文件对象=open(文件说明符[,打开方式])

其中，文件说明符是一个字符串，用于指定打开的文件名，可以包含盘符、路径和文件名。

注意： 文件路径中的"\"要写成"\\"。例如，要打开 E:\mypython 中的 test.dat 文件，文件说明符要写成"E:\\mypython\\test.dat"。

打开方式指定打开文件后的操作方式，该参数是字符串，必须英文字母小写。文件的打开方式是可选参数，默认为 r(只读操作)。文件的操作方式用具有特定含义的符号表示，如表 6-1 所示。

表 6-1 文件的打开方式

打开方式	含 义	打开方式	含 义
r(只读)	为输入打开一个文本文件	r+(读/写)	为读/写打开一个文本文件
w(只写)	为输出打开一个文本文件	w+(读/写)	为读/写建立一个新的文本文件
a(追加)	向文本文件尾追加数据	a+(读/写)	为读/写打开一个文本文件
rb(只读)	为输入打开一个二进制文件	rb+(读/写)	为读/写打开一个二进制文件
wb(只写)	为输出打开一个二进制文件	wb+(读/写)	为读/写建立一个新的二进制文件
ab(追加)	向二进制文件尾追加数据	ab+(读/写)	为读/写打开一个二进制文件

open()函数以指定的方式打开指定的文件，文件的打开方式的含义如下：

(1) 用"r"方式打开文件时，只能从文件向内存输入数据，而不能从内存向该文件写数据。以"r"方式打开的文件应该是已经存在的，不能用"r"方式打开一个并不存在的文件，否则将出现 FileNotFoundError 错误。这是默认的打开方式。

(2) 用"w"方式打开文件时，只能从内存向该文件写数据，而不能从文件向内存输入数据。如果该文件原来不存在，则打开时建立一个以指定文件名命名的文件。如果原来的

文件已经存在，则打开时将文件删空，然后重新建立一个新文件。

(3) 如果要向一个已经存在的文件的尾部添加新数据(保留原文件中已有的数据)，则应用"a"方式打开。如果该文件不存在，则创建并写入新的文件。打开文件时，文件的位置指针在文件末尾。

(4) 用"r+""w+""a+"方式打开的文件可以写入和读取数据。用"r+"方式打开文件时，该文件应该已经存在，这样才能对文件进行读/写操作；用"w+"方式打开文件时，如果文件存在，则覆盖现有的文件，如果文件不存在，则创建新的文件并可进行读取和写入操作；用"a+"方式打开的文件，则保留文件中原有的数据，文件的位置指针在文件末尾，此时，可以进行追加或读取文件操作，如果该文件不存在，将创建新文件并可进行读取和写入操作。

6.2.2 关闭文件

文件使用完毕后，应当关闭，这意味着释放文件对象以供别的程序使用，同时也可以避免文件中数据的丢失。用文件对象的 close()方法关闭文件，其调用格式为

    close()

close()方法用于关闭已打开的文件，将缓冲区中尚未保存的数据写入文件，并释放文件对象。此后，如果再想使用刚才的文件，则必须重新打开。应该养成在文件访问完之后及时关闭的习惯，一方面可以避免数据丢失，另一方面可以及时释放内存，减少系统资源的占用。例如：

    fo=open("file. txt","wb")
    print("Name of the file: ",fo.name)
    fo.close()

6.2.3 文件的读取

Python 对文件的操作都是通过调用文件对象的方法来实现的，文件对象提供了 read()、readline()和 readlines()方法用于读取文本文件的内容。

Python 文件(二)

1. read()方法

read()方法的用法如下：

    变量=文件对象.read()

其功能是读取文件中当前位置至末尾的内容，并作为字符串返回，赋给变量。如果是刚打开的文件对象，则读取整个文件。read()方法通常将读取的文件内容存放到一个字符串变量中。

read()方法也可以带有参数，其用法如下：

    变量=文件对象.read(count)

其功能是读取文件中当前位置开始的 count 个字符，并作为字符串返回，赋给变量。如果文件结束，就读取到文件结束为止。如果 count 大于文件当前位置到末尾的字符数，则仅返回这些字符。

用 Python 解释器或 Windows 记事本建立文本文件 data.txt，其文件内容如下：

Python is very useful.

Programming in Python is very easy.

看下列语句的执行结果：

```
>>>fo=open("data.txt","r")
>>>fo.read()
"Python is very useful. \n programming in Python is very easy. \n"
>>>fo=open("data.txt","r")
>>> fo.read(6)
Python
```

例 6.1 已经建立文本文件 data.txt，统计文件中英文元音字母出现的次数。

分析：先读取文件的全部内容，得到一个字符串，然后遍历字符串，统计元音字母的个数。

程序如下：

```
infile=open("data.txt", "r")    #打开文件，准备输出文本文件
s=infile.read()                 #读取文件全部字符
print(s)                        #显示文件内容
n=0
for c in s:                     #遍历读取的字符串
    if c in 'aeiouAEIOU': n+=1
print(n)
infile.close()                  #关闭文件
```

程序运行结果如下：

Python is very useful.

Programming in Python is very easy.

15

2. readline()方法

readline()方法的用法如下：

变量=文件对象.readline()

其功能是读取文件中当前位置到行末(即下一个换行符)的所有字符，并作为字符串返回，赋给变量。通常用此方法来读取文件的当前行，包括行结束符。如果当前处于文件末尾，则返回空串。例如：

```
>>>fo=open("data.txt","r")
>>>fo.readline()
Python is very useful. \n
>>>fo.readline()
Programming in Python is very easy. \n
>>>fo.readline()
```

例 6.2 已经建立文本文件 data.txt，统计文件中英文元音字母出现的次数。用 readline()

方法实现。

分析：逐行读取文件，得到一个字符串，然后遍历字符串，统计元音字母的个数。当文件读取完毕，得到一个空串，控制循环结束。

程序如下：

```
infile=open("data.txt", "r")        #打开文件，准备输出文本文件
s=infile.readline()                 #读取一行
n=0
while s!= '':                       #没有读完时继续循环
    print(s[:-1])                    #显示文件内容
    for c in s:                      #遍历读取的字符串
        if c in 'aeiouAEIOU': n+=1
    s=infile.readline()             #读取下一行
print(n)
infile.close()                      #关闭文件
```

程序运行结果如下：

```
Python is very useful.
Programming in Python is very easy.
15
```

程序中"print(s[:-1])"一句用"[:-1]"去掉每行读入的换行符，如果输出的字符串末尾有换行符，则输出会自动跳到下一行，再加上 print()函数输出完后换行，这样各行之间会输出一个空行，也可以用字符串的 strip()方法去掉最后的换行符，即用语句"print(s.strip())"替换语句"print(s[:-1])"。

3. readlines()方法

readlines()方法的用法如下：

        变量=文件对象.readlines()

其功能是读取文件中当前位置至末尾的所有行，并将这些行构成列表返回，赋给变量。列表中的元素即每一行构成的字符串，如果当前处于文件末尾，则返回空列表。例如：

```
>>>fo=open("data.txt", "r")
>>>fo.readlines()
['Python is very useful.\n', 'Programming in Python is very easy.\n']
```

例 6.3 已经建立文本文件 data.txt，统计文件中元音字母出现的次数。用 readlines 方法实现。

分析：读取文件所有行，得到一个字符串列表，然后遍历列表，统计元音字母的个数。

程序如下：

```
infile=open("data.txt", "r")        #打开文件，准备输出文本文件
ls=infile.readlines()               #读取所有行，得到一个列表
n=0
for s in ls:                        #遍历列表
```

```
        print(s[:-1])                       #显示文件内容
        for c in s:                         #遍历读取的字符串
            if c in 'aeiouAEIOU': n+=1
    print(n)
    infile.close()                          #关闭文件
```

程序运行结果如下：

```
Python is very useful.
Programming in Python is very easy.
15
```

6.2.4 文件的写入

当文件以写方式打开时，可以向文件写入文本内容。Python 文件对象提供两种写文件的方法：write()和 writelines()方法。

1. write()方法

write()方法的用法如下：

文件对象.write(字符串)

其功能是在文件当前位置写入字符串，并返回字符的个数。例如：

```
>>>fo=open("file1.dat","w")
>>>fo.write("Python 语言")
8
>>>fo.write("Python 程序\n")
9
>>>fo.write("Python 程序设计")
10
>>>fo.close()
```

上面的语句执行后会创建 file1.dat 文件，并将给定的内容写在该文件中，且最终关闭该文件。用编辑器查看该文件内容如下：

```
Python 语言  Python 程序
Python 程序设计
```

从执行结果可以看出，每次 write()方法执行完后并不换行，如果需要换行则在字符串最后加换行符"\n"。

例 6.4 从键盘输入若干字符串，逐个将它们写入文件 data1.txt 中，直到输入"*"时结束。然后从该文件中逐个读出字符串，并在屏幕上显示出来。

分析：输入一个字符串，如果不等于"*"则写入文件，然后再输入一个字符串，进行循环判断，直到输入"*"结束循环。

程序如下：

```
fo=open("data1.txt","w")                #打开文件，准备建立文本文件
print("输入多行字符串(输入"*"结束)：")
```

```
        s=input("一次输入一个串，如果只输入*结束：")   #从键盘输入一个字符串
        while s!= "*":                              #不断输入，直到输入结束标志"*"
            fo.write(s+"\n")                        #向文件写入一个字符串
            s=input("再次输入一个字符串：")          #从键盘输入一个字符串
        fo.close()
        fo=open("datal.txt","r")                    #打开文件，准备读取文本文件
        s=fo.read()
        print("输出文本文件：")
        print(s.strip())
        fo.close()
```

程序运行结果如下：

　　　　输入多行字符串(输入"*"结束)：

　　　　一次输入一个串，如果只输入*结束：Good preparation, Great opportunity.

　　　　再次输入一个字符串：Practice makes perfect.

　　　　再次输入一个字符串：*

　　　　输出文本文件：

　　　　Good preparation, Great opportunity.

　　　　Practice makes perfect

2. writelines()方法

writelines()方法的用法如下：

　　　　文件对象.writelines(字符串元素的列表)

其功能是在文件当前位置处依次写入列表中的所有字符串。例如：

```
        >>>fo=open("file2.dat","w")
        >>>fo.writelines(["Python 语言","Python 程序","Python 程序设计"])
        >>>fo.close()
```

上面的语句执行后会创建 file2.dat 文件，用编辑器查看该文件内容如下：

　　　　Python 语言 Python 程序

　　　　Python 程序设计

writelines()方法接收一个字符串列表作为参数，将它们写入文件，它并不会自动加入换行符，如果需要，必须在每一行字符串结尾加上换行符。

　　例 6.5　从键盘输入若干字符串，逐个将它们写入文件 data1.txt 的尾部，直到输入"*"时结束。然后从该文件中逐个读出字符串，并在屏幕上显示出来。

　　分析：首先以"a"方式打开文件，当前位置定位在文件末尾，可以继续写入文本而不改变原有的文件内容。本例考虑先输入若干个字符串，并将字符串存入一个列表中，然后通过 writelines()方法将全部字符串写入文件。

　　程序如下：

```
        print("输入多行字符串(输入"*"结束)：")
        lst=[]
```

```
    while True:                  #不断输入，直到输入"*"结束标志
        s=input()                #从键盘输入一个字符串
        if s=="*": break
        lst.append(s+"\n")       #将字符串加到列表末尾
    fo=open("data1.txt","a")     #打开文件，准备追加文本文件
    fo.writelines(lst)           #向文件写入一个字符串
    fo.close()
    fo=open("data1.txt","r")     #打开文件，准备读取文本文件
    s=fo.read()
    print("输出文本文件：")
    print(s.strip())
```

程序运行结果如下：

输入多行字符串(输入"*"结束)：

Python 语言

Python 程序设计

*

输出文本文件：

Good preparation, Great opportunity.

Practice makes perfect.

Python 语言

Python 程序设计

注意：程序中循环实现方式的变化，相对于例 6.4，这里在控制字符串的重复输入时，采用"永真"循环，即循环的条件是"True"，在循环体中当输入"*"时通过执行"break"语句退出循环。

6.2.5　文件的定位

文件中有一个位置指针，指向当前的读/写位置，读/写一次指针向后移动一次(一次移动多少字节，由读写方式而定)。但为了主动调整指针位置，可用系统提供的文件指针定位方法，如 tell( )、seek( )方法。

1. tell()方法

tell()方法的用法如下：

文件对象.tell()

其功能是告诉文件的当前位置，即相对于文件开始位置的字节数，下一个读取或写入操作将发生在当前位置。例如：

```
>>>fo=open("data.txt","r")
>>>fo.tell()
0
```

这是文件刚打开时的位置，即第一个字符的位置为 0。又如：

```
>>>fo.read(6)
"Python"
>>>fo.tell()
6
```

这是读取 6 个字符以后的文件位置。

2. seek()方法

seek()方法的用法如下：

　　文件对象.seek(偏移[,参考点])

其功能是更改当前的文件位置。偏移指示要移动的字节数，移动时以设定的参考点为基准。偏移为正数表示朝文件尾方向移动，偏移为负数表示朝文件头方向移动。参考点指定移动的基准位置。如果参考点设置为 0，则意味着使用该文件的开始处作为基准位置(这是默认的情况)；如果参考点设置为 1，则使用当前位置作为基准位置；如果参考点设置为 2，则该文件的末尾将被作为基准位置。例如：

```
>>> fo=open("data.txt","rb")
>>> fo.read()
b'Python is very useful.\r\nProgramming in Python is very easy.\r\n'
>>>fo.seek(10,0)
10
>>>fo.read()
b'very useful \r\nprogramming in Python is very easy.\r\n'
```

从文件开始处移动 10 个字节后读取文件全部字符。

看下面文件位置移动的结果：

```
fo.seek(10,0)
10
>>>fo.seek(10,1)
20
>>>fo.seek(-10,1)
10
>>>fo.seek(0, 2)
61
>>>fo.seek(-10,2)
51
>>>fo.seek(10,2)
71
```

　　"data.txt"是一个文本文件，可以用文本方式读取，也可以用二进制方式读取，两者的差别仅仅体现在回车换行符的处理上。二进制方式读取时需要将"\n"转换成"\r\n"，即多出一个字符。当文件中不存在回车换行符时，文本方式读与二进制方式读的结果是一样的。此外，文件所有字符被读完后，文件读/写位置位于文件末尾，再读则读出空串。

注意：文本文件也可以使用 seek()方法，但 Python3.x 限制文本文件只能相对于文件起始位置进行位置移动，当相对于当前位置和文件末尾进行位置移动时，偏移量只能取 0，seek(0,1)和 seek(0,2)分别定位于当前位置和文件末尾。例如：

```
>>>fo=open('data.txt', 'r')              #以文本方式打开文件
>>>fo.read()
'Python is very useful. \nprogramming in Python is very easy. \n'
>>>fo.seek(10,0)
10
>>>fo.seek(0,1)
10
>>>fo.seek(0,2)
61
```

6.3 文件管理方法

Python 的 os 模块提供了类似于操作系统级的文件管理功能，如文件重命名、文件删除、目录管理等。要使用这个模块，需要先导入它，然后调用相关的方法。

Python 文件(三)

1. 文件重命名
rename()方法可实现文件重命名，它的一般格式为
```
os.rename("当前文件名","新文件名")
```
例如，将文件 test1.txt 重命名为 test2.txt，命令如下：
```
>>>import os
>>>os.rename("test1.txt","test2.txt")
```

2. 文件删除
可以使用 remove()方法来删除文件，一般格式为
```
os.remove("文件名")
```
例如，删除现有文件 test2.txt，命令如下：
```
>>import os
>>>os.remove("text2.txt")
```

3. Python 中的目录操作
所有的文件都包含在不同的目录中，os 模块有以下几种方法可以创建、删除和更改目录。

(1) mkdir()方法。
mkdir()方法用来在当前目录下创建目录，一般格式为
```
os.mkdir("新目录名")
```

例如，在当前盘当前目录下创建 test 目录，命令如下：

```
    import os
>>>os.mkdir("test")
```

(2) chdir()方法。

可以使用 chdir()方法来改变当前目录，一般格式为

```
os.chdir("要成为当前目录的目录名")
```

例如，将"d:\home\newdir"目录设定为当前目录，命令如下：

```
>>>import os
>>>os.chdir("d:\\home\\newdir")
```

(3) getcwd()方法。

getcwd()方法用来显示当前的工作目录，一般格式为

```
os.getcwd()
```

例如，要显示当前目录，命令如下：

```
>>>import os
>>>os.getcwd()
```

(4) rmdir()方法。

rmdir()方法用来删除空目录，一般格式为

```
os.rmdir("待删除目录名")
```

当用 rmdir()方法删除一个目录时，先要删除目录中的所有内容，使之变成空目录。例如，删除空目录"d:\aaaa"，命令如下：

```
>>>import os
>>>os.rmdir("d:\\aaaa")
```

6.4 文件操作应用举例

前面讨论了文件的基本操作。本节再介绍一些应用实例来加深对文件操作的认识，以便更好地使用文件。

例 6.6 有两个文件 f1.txt 和 f2.txt，各存放一行已经按升序排列的英文字母，将两个文件中的内容合并，要求合并后依然按字母升序排列，并输出到一个新文件 f.txt 中。

分析：分别从两个有序的文件读出一个字符，将 ASCII 值小的字符写到 f.txt 文件，直到其中一个文件结束而终止。然后将另一个未结束文件中的剩余数据复制到 f.txt 文件，直到该文件结束而终止。

Python 文件(四)

程序如下：

```
def ftcomb(fname1, fname2, fname3):          #文件合并
    fo1=open(fname1,"r")
    fo2=open(fname2, "r")
```

```
        fo3=open(fname3,"w")
        c1=fo1.read(1)
        c2=fo2.read(1)
        while c1!= "" and c2 != "":
            if c1<c2:
                fo3.write(c1)
                c1=fo1.read(1)
            elif c1==c2:
                fo3.write(c1)
                c1=fo1.read(1)
                fo3.write(c2)
                c2=fo2.read(1)
            else:
                fo3.write(c2)
                c2=fo2.read(1)
        while c1!="":                   #文件 1 复制未结束
            fo3.write(c1)
            c1=fol.read(1)
        while c2!= "":                  #文件 2 复制未结束
            fo3.write(c2)
            c2=fo2.read(1)
        fo1.close()
        fo2.close()
        fo3.close()
    def ftshow(fname):                  #输出文本文件
        fo=open(fname, "r")
        s=fo.read()
        print(s.replace("\n",""))       #去掉字符串中的换行符后输出
        fo.close()
    def main():
        ftcomb("f1.txt","f2.txt","f.txt")
        ftshow("f.txt")
    main()
```

假设 f1.txt 的内容如下：

ABDEGHJLXY

f2.txt 的内容如下：

ADERSxyzzzzzzzzzz

则程序执行后，f.txt 的内容如下：

　　　AABDDEEGHJLRSXY

　　　xyzzzzzzzzzz

屏幕显示内容如下：

　　　AABDDEEGHJLRSXYxyzzzzzzzzzz

　　例 6.7　根据考试成绩，统计学科等级水平。

　　分析：某学校对学生的附加科目进行能力测试，并按以下标准统计学科等级水平。

　　(1) 生物和科学两门课都达到 60 分，总分达到 180 分为及格。

　　(2) 每门课达到 85 分，总分达到 260 分为优秀。

　　(3) 总分不到 180 分或有任意一门课不到 60 分，为不及格。

　　设学生成绩原始数据存储在 score.txt 文件中，每项数据用一个空格分隔，文件中没有表头，只有学生的信息。具体数据如表 6-2 所示。

表 6-2　学生成绩原始数据

学　号	语文	生物	科学
201800001	87	56	90
201801002	79	80	80
201801003	60	85	76
201801004	58	70	80
201801005	40	60	68
201801006	90	81	89

　　编程要求：从 score.txt 文件中读取学生成绩数据，判定等级并写入 level.txt 文件中。

　　程序实现方案一：

　　(1) 读取文件 score.txt 数据到列表 L 中。

　　列表 L 中的数据项对应文件中的每条学生记录，通过循环语句遍历 L，提取需要的学号和三门课的成绩，并存放在列表 x 中。

　　(2) 判定学科等级。

　　列表 x 包含 4 个数据项，x[0]为学号，x[1]、x[2]和 x[3]分别为"语文""生物""科学"三门课的成绩，这些成绩需要转换为整数类型以便进行求和等数值运算，最后通过分支语句，将求得的等级结果存放在 key 变量中。

　　(3) 将学号和等级结果按一定格式写入文件 level.txt 中。

　　程序如下：

```
L=list(open('score.txt', 'r'))
f=open('level.txt','w')
for s in L:
    x=s.split()              #根据空格分隔每个数据
    sum=0
    for i in range(1,len(x)):
        x[i]=int(x[i])
```

```
            sum+=x[i]
        if x[1]>=85 and x[2]>=85 and x[3]>=85 and sum>=260:
            key='优秀'
        elif x[2]>=60 and x[3]>=60 and sum>=180:
            key='及格'
        else:
            key='不及格'
        f.write('%s\t%s\n'%(x[0],key))
    f.close()
```

程序实现方案二：

方案一利用列表存放文件中的数据，需要占用额外的内存空间。更优的处理方法是使用 readline()语句读取文件 score.txt 中的学生记录，对每条记录，判定该学生考核等级，并与学号合并写入文件 level.txt 中。若某次循环读到空行，则跳出循环，结束对文件的处理。

程序如下：

```
        s=open('score.txt', 'r')
        f=open('level1.txt', 'w')
        while True:
            x=s.readline().split()
            if len(x)==0:
                break;
            sum=0
            for i in range(1,len(x)):
                x[i]=int(x[i])
                sum+=x[i]
            if x[1]>=85 and x[2]>=85 and x[3]>=85 and sum>=260:
                f.write('%s\t%s\n'%(x[0], '优秀'))
            elif x[2]>=60 and x[3]>=60 and sum>=180:
                f.write('%s\t%s\n'%(x[0], '及格'))
            else:
                f.write('%s\t%s\n'%(x[0], '不及格'))
        s.close()
        f.close()
```

例 6.8　在 number.dat 文件中放有若干个不小于 2 的正整数(数据间以逗号分隔)，编写程序实现：

(1) 在 prime()函数中判断和统计这些整数中的素数以及个数；

(2) 在主函数中将 number.dat 中的全部素数以及素数个数输出到屏幕上。

程序如下：

```
        def prime(a,n):                    #判断列表 a 中的 n 个元素是否为素数
            k=0
```

```
for i in range(0,n):
    flag=1                          #素数标志
    for j in range(2, a[i]):
        if a[i]%j==0:
            flag=0
            break
    if flag:
        a[k]=a[i]                   #将素数存入列表
        k+=1                        #统计素数个数
    return k
def main():
    fo=open("number.dat","r")
    s=fo.read()
    fo.close()
    x=s.split(sep=',')              #以“,”为分隔符将字符串分割为列表
    for i in range(0,len(x)):       #将列表元素转换成整型
        x[i]=int(x[i])
    m=prime(x,len(x))
    print("全部素数为：",end=" ")
    for i in range(0, m):           #输出全部素数
        print(x[i], end=" ")
    print()                         #换行
    print("素数的个数为：",end=" ")
    print(m)                        #输出素数个数
main()
```

假设 number.dat 的内容如下：

　　2,3,4,5,6,7,8,9,10,11,12,13,14,15,16,17,18,19,20,21,22,23

则程序运行结果如下：

　　全部素数为：2 3 5 7 11 13 17 19 23

　　素数的个数为：9

习题 6

一、选择题

1. 在读/写文件之前，用于创建文件对象的函数是(　　)。

　　A. open　　　　　B. create　　　　　C. file　　　　D. folder

2. 关于语句 f=open('demo.txt','r')，下列说法中不正确的是(　　)。

　　A. demo.txt 文件必须已经存在

B. 只能从 demo.txt 文件读数据，而不能向该文件写数据

C. 只能向 demo.txt 文件写数据，而不能从该文件读数据

D. "r" 方式是默认的文件打开方式

3. 下列程序的输出结果是(   )。

```
f=open('c:\\out.txt','w+')
f.write('Python')
f.seek(0)
c=f.read(2)
print(c)
f.close()
```

A. Pyth   B. Python   C. Py   D. th

4. 下列程序的输出结果是(   )。

```
f=open('e.txt', 'w')
f.writelines(['python programming. '])
f.close()
f=open('f.txt', 'rb')
f.seek(10,1)
print(f.tell())
```

A. 1   B. 10   C. gramming   D. Python

5. 下列语句的作用是(   )。

```
>>>import os
>>>os.mkdir("d:\\ppp")
```

A. 在 D 盘当前文件夹下建立 ppp 文本文件

B. 在 D 盘根文件夹下建立 ppp 文本文件

C. 在 D 盘当前文件夹下建立 ppp 文件夹

D. 在 D 盘根文件夹下建立 ppp 文件夹

二、填空题

1. 根据文件数据的组织形式，Python 的文件可分为＿＿＿＿文件和＿＿＿＿文件。一个 Python 程序文件是一个＿＿＿＿文件。一幅 JPG 图像文件是一个＿＿＿＿文件。

2. Python 提供了＿＿＿＿、＿＿＿＿和＿＿＿＿方法用于读取文本文件的内容。

3. 二进制文件的读取与写入可以分别使用＿＿＿＿和＿＿＿＿方法。

4. seek(0,0)将文件指针定位于＿＿＿＿，seek(0,1)将文件指针定位于＿＿＿＿，seek(0,2)将文件指针定位于＿＿＿＿。

5. Python 的＿＿＿＿模块提供了许多文件管理方法。

三、简答题

1. 什么是打开文件？为何要关闭文件？

2. 文件的主要操作方式有哪些？

3. 打开文件的操作步骤是什么？

4. 在 Python 环境下如何实现文件更名和删除？

四、编程题

1. 用编辑软件创建一个文本文件 file1.txt，并输入若干行文字。编写 Python 程序，统计 file1.txt 文件中包含的字符数和行数。

2. 将上题中 file1.txt 文件中的每行按逆序方式输出到 file2.txt 文件中。

3. 用编辑软件创建文件 scores.txt，该文件存放某班学生的计算机课成绩(百分制)，包含学号、平时成绩、期末成绩三列。根据平时成绩占 40%，期末成绩占 60%的比例计算总评成绩，并按学号、总评成绩两列写入另一个文件 scored.txt 中，同时在屏幕上输出学生总人数，按总评成绩计算 90 分以上、80～89 分、70～79 分、60～69 分、60 分以下各成绩区间的人数和班级总平均分(取小数点后两位)。

第 7 章 图 形 绘 制

Python 图形绘制(一)

Python 提供了丰富的图形绘制功能。本章介绍 tkinter 图形库的图形绘制功能以及 turtle 绘图模块、Graphics 图形库的操作方法。

7.1 基于 tkinter 的图形绘制

tkinter(Tk interface，Tk 接口)图形库是 Tk 图形用户界面工具包的 Python 接口。Tk 是一种流行的跨平台图形用户界面(Graphical User Interface，GUI)开发工具。tkinter 图形库通过定义一些类和函数，实现了一个在 Python 中使用 Tk 的编程接口。

1. 导入 tkinter 模块

基于 tkinter 模块绘制图形，首先要导入 tkinter 模块。导入 tkinter 模块一般采用如下方法：

>>>import tkinter

或者

>>>from tkinter import *

Python 图形绘制(二)

本章总是假设使用第二种方法导入 tkinter 模块。

2. 创建主窗口

在导入 tkinter 模块后，需要创建主窗口。主窗口也称为根窗口，这是一个顶层窗口，所有图形都是在这个窗口中绘制的。主窗口是一个对象，其创建格式为

窗口对象名=Tk()

例如：

>>>w=Tk()

该语句创建主窗口 w，这时可以在屏幕上看到如图 7-1 所示的主窗口。

主窗口有自己的属性，如宽度(width)、高度(height)、背景颜色(bg 或 background)等，也有自己的方法。主窗口的默认宽度和高度都为 200 像素，背景颜色为浅灰色。下列语句设置 w 主窗口的宽度、高度和背景颜色属性：

>>>w['width']=400

```
>>>w['height']=300
>>>w['bg']='red'
```

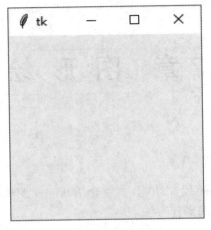

图 7-1　主窗口

　　主窗口默认的窗口标题是 tk，可以通过调用主窗口对象的 title()方法来设置窗口标题。例如：

```
>>>w.title('tkinter 主窗口')
```

该语句设置 w 主窗口的标题为"tkinter 主窗口"。

改变属性后的主窗口如图 7-2 所示。

图 7-2　修改属性后的主窗口

3. 创建画布对象

　　画布(canvas)是用来进行绘图的一个矩形区域，tkinter 模块的绘图操作都是通过画布进行的。用户可以在画布上绘制各种图形、标注文本。画布对象包含一些属性，如画布的高度、宽度、背景色等，也包含一些方法，如在画布上创建图形、删除或移动图形等。

　　创建画布对象语句的格式如下：

　　　　画布对象名=Canvas(窗口对象名,属性名=属性值,…)

该语句创建一个画布对象，并对该对象的属性进行设置。语句中的 Canvas 代表 tkinter

模块提供的 Canvas 类。"窗口对象名"表示画布所在的窗口，"属性名=属性值"用于设置画布对象的属性。

画布对象的常用属性有画布高度(height)、画布宽度(width)和画布背景色(bg 或 background)等，需要在创建画布对象时进行设置。创建画布对象时如果不设置这些属性，则各属性取各自的默认值，如 bg 的默认值为浅灰色。通过语句 c=Canvas();c.keys() 可以获得画布的属性名。

在主窗口 w 中创建一个宽度为 300 像素、高度为 200 像素、背景为白色的画布对象，并将画布对象命名为 c 的语句如下：

>>>c=Canvas(w,width=300,height=200,bg='white')
>>> c.pack()

创建的画布对象 c，不会在主窗口中显现出来，需要执行语句 c.pack() 才可以显示。

画布对象的所有属性都可以在创建以后重新设置。例如将画布对象 c 的背景改为绿色：

>>>c['bg']='green'

4. 画布对象的坐标系

为了在绘图时指定图形的绘制位置，tkinter 模块为画布建立了坐标系，即以画布左上角为原点，从原点水平向右的方向为 x 轴的正方向，从原点垂直向下的方向为 y 轴的正方向。

如果画布坐标以整数给出，则度量单位是像素。例如，左上角的坐标原点为(0, 0)，300×200 画布的右下角坐标为(299，199)。像素是最基本、最常用的尺寸单位，但 tkinter 模块也支持以字符串形式给出其他度量单位，例如 5c 表示 5 厘米、50 m 表示 50 毫米、2i 表示 2 英寸等。

7.2　画布对象绘图方法

画布对象提供了各种方法，利用这些方法可以在画布上绘制各种图形。绘制图形前，先要导入 tkinter 模块、创建主窗口、创建画布并使画布可见。相关的语句汇总如下：

```
from tkinter import *
w=Tk()
c=Canvas(w,width=300,height=200,bg="white")
c.pack()
```

如果没有特别指明，本节后面的绘图操作都是在执行以上语句的基础上进行的。其中 Canvas 实例的主要属性和主要绘图方法分别如表 7-1 和表 7-2 所示。

表 7-1　Canvas 实例的主要属性

属　性	意　义	属　性	意　义
bg	背景色	bd	边框宽
fg	前景色	width	宽度
bitmap	背景位图	height	高度
image	底纹图像	fill	填充色

表 7-2　Canvas 实例的主要绘图方法

方　法	功　能	说　明
create_arc()	绘制弧形和扇形	根据给出的两点坐标及起始角和终止角等参数，绘制圆弧或扇形
create_image()	显示图像	通过其 file 参数指向图像文件(仅支持部分图像格式文件，如 GIF、PNG)
create_line()	绘制线段	按坐标绘直线，可以绘制带箭头的直线
create_oval()	绘制椭圆	绘制矩形内切的椭圆
create_polygon()	绘制多边形	按给出的顶点坐标绘制多边形
create_rectangle()	绘制矩形	按给出的对角线坐标绘制矩形
creat_text()	绘制文本	以指定位置为中心显示文本内容

7.2.1　绘制矩形

Python 图形绘制(三)

画布对象提供 create_rectangle()方法，用于在画布上创建矩形，其调用格式如下：

　　　　画布对象名.create_rectangle(x0,y0,x1,y1,属性设置…)

其中，(x0,y0)是矩形左上角的坐标，(x1,y1)是矩形右下角的坐标。属性设置即对矩形的属性进行设置。例如创建一个以(50,30)为左上角、以(200,150)为右下角的矩形，语句如下：

　　　　c.create_rectangle(50,30,200,150,fill='yellow')

create_rectangle()方法的返回值是所创建的矩形的标识号，可以将标识号存入一个变量中。为了将来在程序中引用图形，一般用变量来保存图形的标识号，或者将图形与某个标签相关联。例如创建一个矩形，并将矩形标识号存入变量 r 中，语句如下：

　　　　>>>r=c.create_rectangle(80,70,250,180,outline='blue',width=5)

例 7.1　绘制如图 7-3 所示的四个正方形。

分析：利用画布的 create_rectangle 方法绘制正方形，注意设置属性和四个正方形之间的位置关系。

程序如下：

```
from tkinter import *
w=Tk()                    #创建主窗口
w.title("绘制四个正方形")
#创建画布对象
c=Canvas(w,width=320,height=220, bg="white")
#使画布可见
c.pack()
#绘制无边框绿色正方形
c.create_rectangle(110,110,210,210,fill="green",outline="green",width=5)
#绘制红色点画正方形
```

c.create_rectangle(110,10,210,110,fill="#ff0000",stipple="gray25")
#绘制红色边框黄色正方形
c.create_rectangle(10,110,110,210,fill="yellow",outline="red",width=5)
#绘制虚线边框红色正方形
c.create_rectangle(210,110,310,210,dash=10,width=5,fill="red")

程序运行结果如图 7-3 所示。

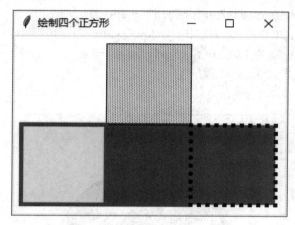

图 7-3 绘制四个正方形

7.2.2 绘制椭圆与圆弧

1. 绘制椭圆

画布对象提供 create_oval()方法，用于在画布上画一个椭圆，其特例是圆。椭圆的位置和尺寸由其外接矩形决定，而外接矩形由左上角坐标(x_0,y_0)和右下角坐标(x_1,y_1)定义，如图 7-4 所示。

Python 图形绘制(四)

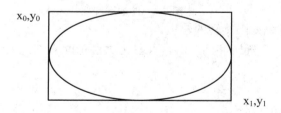

图 7-4 用外接矩形定义椭圆

create_oval()方法的调用格式如下：

　　画布对象名.create_oval(x0,y0,x1,y1,属性设置,…)

create_oval()的返回值是所创建椭圆的标识号，可以将标识号存入变量。

和矩形类似，椭圆的常用属性包括 outline、width、dash、fill、state 和 tags 等。

例 7.2 创建如图 7-5 所示的圆和椭圆。

分析：利用画布的 create_oval()方法绘制一个圆和两个椭圆，注意设置属性和三个图形之间的位置关系。

程序如下：

```
from tkinter import *
w=Tk()
w.title("绘制圆和椭圆")
c=Canvas(w,width=260,height=260,bg="white")
c.pack()
c.create_oval(30,30,230,230,fill="red", width=2)
c.create_oval(30,80,230,180,fill="yellow",width=2)    #绘制黄色椭圆
c.create_oval(80,30,180,230,fill="gray",width=2)
c.create_text(50,20,text="画布")
```

程序运行结果如图 7-5 所示。

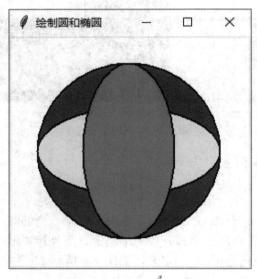

图 7-5　圆和椭圆

例 7.3　描绘地球绕太阳旋转的轨道。

分析：分别创建一个椭圆和两个圆，并且为大圆形涂上红色表示太阳，为小圆形涂上蓝色表示地球。

程序如下：

```
from tkinter import *
w=Tk()
w.title("绘制地球绕太阳旋转轨道")
c=Canvas(w,width=300,height=200, bg="white")
c.pack()
c.create_oval(50,50,250,150,dash=(4,2),width=2)
#绘制太阳
c.create_oval(110,80,150,120,fill="red",outline="red")
c.create_oval(240,95,255,110,fill="blue")    #绘制地球
```

程序运行结果如图 7-6 所示。

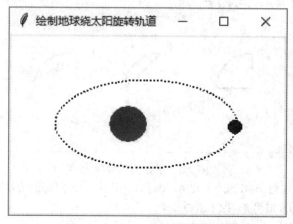

图 7-6　地球绕太阳旋转的轨道

2. 绘制圆弧

画布对象提供 create_arc()方法，用于在画布上创建一个弧形。与椭圆的绘制类似，create_arc()的参数用来定义一个矩形的左上角和右下角的坐标，该矩形唯一确定了一个内接椭圆(特例是圆)，而最终要画的弧形是该椭圆的一段。

create_arc()方法的调用格式如下：

　　　画布对象名.create_arc(x0,y0,x1,y1,属性设置,…)

create_arc()的返回值是所创建的圆弧的标识号，可以将标识号存入变量。

弧形的开始位置由属性 start 定义，其值为一个角度(x 轴方向为 0°)；弧形的结束位置由属性 extent 定义，其值表示从开始位置逆时针旋转的角度。属性 start 的默认值为 0°，属性 extent 的默认值为 90°。显然，如果 start 设置为 0°，extent 设置为 360°，则画出一个完整的椭圆，效果和 create_oval()方法一样。

属性 style 用于规定圆弧的样式，可以取三种值：PIESLICE、ARC、CHORD。PIESLICE 表示扇形，即圆弧两端与圆心相连；ARC 表示弧，即圆周上的一段；CHORD 表示弓形，即弧加连接弧两端的弦。style 的默认值是 PIESLICE。

例 7.4　绘制图 7-7 所示的图形。

```
from tkinter import *
w=Tk()
w.title("圆弧的三种样式")
c=Canvas(w,width=350,height=150,bg="white")
c.pack()
c.create_arc(10,10,60,60,width=2)
#默认样式是  PIESLICE
c.create_arc(70,10,120,60,style=CHORD,width=2)
c.create_arc(130,10,180,60,style=ARC,width=2)
```

程序分别绘制了一个扇形、一个弓形和一条弧，运行结果如图 7-7 所示。

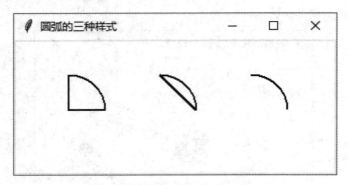

图 7-7　圆弧的三种样式

弧形的其他常用属性 outline、width、dash、fill、state 和 tags 的意义和默认值都和矩形类似。注意，只有扇形和弓形才可填充颜色。

例 7.5　创建如图 7-8 所示的扇叶图形。

程序如下：

```
from tkinter import *
w=Tk()
w.title("绘制扇叶图形")
c=Canvas(w,width=300,height=240,bg="white")
c.pack()
for i in range(0,360,60):
    c.create_arc(50,20,250,220,fill="red",outline="blue",start=i,extent=30)
```

程序运行结果如图 7-8 所示。

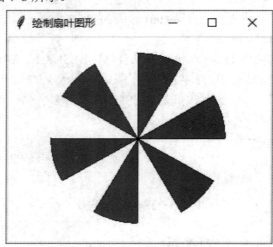

图 7-8　绘制扇叶图形

7.2.3　绘制线条与多边形

1. 绘制线条

画布对象提供 create_line()方法，用于在画布上创建连接多个点的线段序列，其调用格式如下：

　　　　画布对象名.create_line($x_0,y_0,x_1,y_1,\cdots,x_n,y_n$,属性设置,…)

create_line()方法将各点(x_0,y_0)，(x_1,y_1)，…，(x_n,y_n)按顺序用线条连接起来，返回值是所创建的线条的标识号。

Python 图形绘制(五)

线条可以通过属性 arrow 来设置箭头位置，属性 arrow 的默认值是 NONE(无箭头)。如果 arrow 设置为 FIRST，则箭头在(x_0,y_0)端；如果 arrow 设置为 LAST，则箭头在(x_n,y_n)端；如果 arrow 设置为 BOTH，则两端都有箭头。

属性 arrowshape 用于描述箭头形状，其值为三元组(d1,d2,d3)，默认值是(8,10,3)。

和前面介绍的各种图形一样，线条还具有 width、dash、state，tags 等属性。

例 7.6 绘制线条示例。

程序如下：

```
from tkinter import *
w=Tk()
c=Canvas(w,width=W,height=H,bg="white")
c.pack()
c.create_line(10,10,100,100,arrow=BOTH, arrowshape=(3,5,4))
c.create_line(80,10,100,10,110,60)
```

程序运行后将绘制出一条双箭头线和一条折线。

2. 绘制多边形

画布对象提供 create_polygon()方法，用于在画布上创建一个多边形。与线条类似，多边形是用一系列顶点(至少 3 个)的坐标定义的，系统将把这些顶点按顺序连接起来。与线条不同的是，多边形最后一个顶点需要与第一个顶点连接，从而形成封闭的形状。

create_polygon()方法的调用格式如下：

　　　　画布对象名.create_polygon($x_0,y_0,x_1,y_1,\cdots$,属性设置,…)

create_polygon()的返回值是所创建的多边形的标识号。

多边形的另外几个常用属性 width、dash、state 和 tags 的用法都和矩形类似。

例 7.7 用红、黄、绿三种颜色填充矩形，如图 7-9 所示。

图 7-9　三种颜色填充的矩形

分析：先画矩形，再用红、黄、绿三种颜色分别绘制三角形、平行四边形和三角形，三个图形连在一起填充矩形。

程序如下：

```
from tkinter import *
w=Tk()
w.title("三种颜色填充矩形")
c=Canvas(w,width=340, height=200,bg="white")
c.pack()
c.create_rectangle(50,50,290,150,width=5)
#绘制矩形
c.create_polygon(50,50,50,150,130,150,fill="red")     #绘制红色三角形
c.create_polygon(50,50,130,150,290,150,210,50,fill="yellow")   #绘制黄色平行四边形
c.create_polygon(210,50,290,150,290,50,fill="green")    #绘制绿色三角形
```

程序运行结果如图 7-9 所示。

7.2.4 绘图举例

例 7.8 绘制曲线 $y = \sin(x)$，如图 7-10 所示。

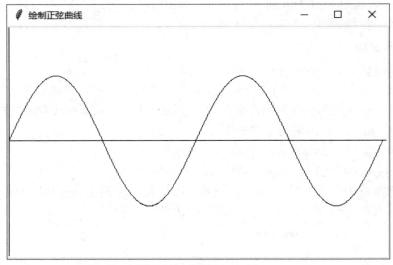

图 7-10 曲线 $y = \sin(x)$

程序如下：

```
from math import *
from tkinter import *
w=Tk()
w.title("绘制正弦曲线")
W=510;H=320
O_X=2;O_Y=H/2
```

```
S_X=40;S_Y=90                    #x、y 轴缩放倍数
x0=y0=0                          #坐标初始值
c=Canvas(w,width=W,height=H,bg="white")
c.pack()
c.create_line(0,O_Y,W,O_Y)      #绘制 x 轴
c.create_line(O_X,0,O_X,H)      #绘制 y 轴
for i in range(0,360*2+1,1):
    arc=pi*i/180
    x=O_X+arc*S_X
    y=O_Y-sin(arc) *S_Y
    c.create_line(x0,y0,x,y)
    x0=x
    y0=y
```

例 7.9　绘制曲线

$$\begin{cases} x = 4(\cos t + t\sin t) \\ y = 2(\sin t - t\cos t) \end{cases}, \quad t \in [0,10\pi]$$

分析：绘制函数曲线可采用计算出函数曲线的各个点的坐标，将各点画出来，如果这些点足够密，绘出的曲线会比较光滑。画布对象没有提供画"点"的方法，但可以画一个很小的矩形来作为点。例如：c.create_rectangle(10,10,11,11)。

程序如下：

```
from math import *
from tkinter import *
w=Tk()
w.title("绘制曲线")
c=Canvas(w,width=300,height=200, bg="white")
c.pack()
#绘制函数曲线
t=0
while t<=10*pi:
    x=4*(cos(t)+t*sin(t))
    y=2*(sin(t)-t*cos(t))
    x+=150          #移动坐标
    y+=100
    c.create_rectangle(x,y,x+0.5,y+0.5)
    t+=0.1
```

程序运行结果如图 7-11 所示。

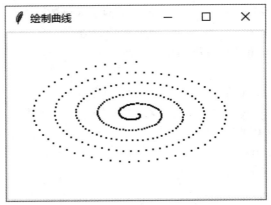

图 7-11　绘制函数曲线

7.3　基于 turtle 模块的绘图

turtle 绘图模块是 Python 中引入的一个简单的绘图工具。利用 turtle 模块绘图通常称为海龟绘图。为什么叫海龟绘图呢？绘图时，屏幕上有一个箭头(比作小海龟)按照命令一笔一笔地画出图形，就像小海龟在屏幕上爬行，并留下爬行的足迹。

Python 标准库中的 turtle 模块是基于 tkinter 的画布实现绘图功能的。使用 turtle 模块绘图一般遵循如下步骤。

Python 图形绘制(六)

1. 导入 turtle 模块

使用 turtle 绘图，首先需要导入 turtle 模块，导入有以下两种方法：

>>> import turtle

或

>>> from turtle import *

下面假设使用第二种方法导入 turtle 模块中的所有方法。

2. 创建 turtle 对象

创建 turtle 对象可以使用如下语句：

p=turtle()

说明：turtle 模块同时实现了函数模式，因此也可以不创建 turtle 对象，直接调用函数实现绘图功能。

3. 设置 turtle 绘图属性

turtle 绘图有 3 个属性，分别是位置、方向和画笔。

(1) 位置是指箭头在 turtle 图形窗口中的位置。turtle 图形窗口的坐标系采用笛卡尔坐标系，即以窗口中心点为原点，从原点水平向右的方向为 x 轴正方向，从原点竖直向上的方向为 y 轴正方向。在 turtle 模块中，reset()函数可使箭头回到坐标原点。

(2) 方向是指箭头的指向，使用 left(degree)、right(degree)函数使得箭头分别向左、向右旋转 degree 度。

(3) 画笔是指绘制的线条的颜色和宽度。有关画笔的控制函数如下：

- down()：放下画笔，移动时绘制图形。这也是默认的状态。
- up()：提起画笔，移动时不绘制图形。
- width(w)：绘制图形时画笔的宽度，w 为一个正数。
- color(s)：绘制图形时画笔的颜色，s 是一个字符串，例如 red、blue、green 分别表示红色、蓝色、绿色。
- fillcolor(s)：绘制图形的填充颜色。

4. 用 turtle 绘图命令绘图

turtle 绘图有许多控制箭头运动的命令，利用它们可以绘制出各种图形。

(1) goto(x,y)：将箭头从当前位置径直移动到坐标为(x,y)的位置，这时当前方向不起作用，移动后方向也不改变。如果想要移动箭头到(x,y)位置，但不要绘制图形，可以使用 up() 函数。例如绘制一条水平直线的语句为。

```
from turtle import *
reset()          #将整个绘图窗口清空并将箭头置于原点(窗口的中心)
goto(100,0)     #从当前位置(0,0)运动到(100,0)位置
```

(2) forward(d)：控制箭头向前移动，其中 d 代表移动的距离。在移动前，需要设置箭头的位置、方向和画笔 3 个属性。

(3) backward(d)：与 forward()函数相反，控制箭头向后移动，其中 d 代表移动的距离。

(4) speed(v)：控制箭头移动的速度，v 取[0,10]范围的整数，数字越大，速度越快。也可以使用"slow""fast"来控制速度。

例 7.11　绘制一个正方形。

程序如下：

```
from turtle import *
color("blue")         #定义绘制时画笔的颜色
width(5)              #定义绘制时画笔的线条宽度
speed(10)            #定义绘图的速度
for i in range(4):      #绘出正方形的四条边
    forward(50)
    right(90)
```

在设置了绘图状态之后，控制箭头前进(forward)一段距离，右转(right)90°，重复四次即可。

turtle 模块还有一些内置函数，例如画圆的函数 circle(r)，该函数以箭头当前位置为圆的底部坐标，以 r 为半径画圆。

例 7.12　绘制 3 个同心圆。

程序如下：

```
from turtle import *
for i in range(3):
    up()                      #提起画笔
    goto(0,-50-i*50)          #确定画圆的起点
    down()                    #放下画笔
    circle(50+i*50)           #画圆
```

刚开始时，箭头的坐标默认在(0,0)，就以它为圆心。因为 turtle 画圆时是从圆的底部开始画的，所以需要找 3 个圆底部的坐标。第一个圆的半径为 50，底部坐标为(0,−50)；第二个圆的半径为 100，底部坐标为(0,−100)；第三个圆的半径为 150，底部坐标为(0,−150)。

7.4 用 Graphics 图形库绘图

Graphics 图形库是在 tkinter 图形库基础上建立的，由 graphics 模块组成。graphics 模块的所有功能都是依赖 tkinter 模块功能实现的。graphics 模块将 tkinter 模块的绘图功能以面向对象的方式重新包装，使初学者更容易学习和应用。

Python 图形
绘制(七)

1. 模块导入与图形窗口

graphics 模块文件(graphics.py)可以从网站 http:/mcsp.wartburg.edu/zelle/python 下载，下载后将 graphics.py 文件与用户自己的图形程序放在一个目录中，或者放在 Python 安装目录中即可。

使用 graphics 绘图，首先要导入 graphics 模块，导入模块有如下两种方法：

>>>import graphics

或

>>>from graphics import *

下面假设使用第二种方法导入 graphics 模块中的所有方法。

其次，使用 graphics 提供的 GraphWin()函数创建一个图形窗口。在图形窗口中，设有标题栏以及"最小化""最大化""关闭"等按钮。例如：

>>>win=GraphWin()

GraphWin()函数在屏幕上创建了一个图形窗口，默认窗口标题是"Graphics Window"，默认宽度和高度都是 200 像素，如图 7-12 所示。图形窗口的坐标系与前面介绍的画布对象的坐标系相同。

graphics 图形窗口也有各种属性，在调用 GraphWin()函数时可以提供各种参数。例如：

>>>win=GraphWin("My Graphics window", 300, 200)

这条语句的含义是在屏幕上创建一个窗口对象，窗口标题为"My Graphics window"，宽度为 300 像素，高度为 200 像素。

通过 GraphWin( )函数创建图形窗口的界面实际上是对 tkinter 模块中创建画布对象界面

的重新包装，也就是说，当利用 graphics 模块创建图形窗口时，系统会把这个请求向下传递给 tkinter 模块，而 tkinter 模块就创建一个画布对象并返回给上层的 graphics 模块。这样做可以使得图形处理更加容易也便于理解。

图 7-12　GraphWin()函数创建的图形窗口

为了对图形窗口进行操作，可以建立一个窗口对象 win，以后就可以通过窗口对象 win 对图形窗口进行操作。例如，窗口操作结束后应该关闭图形窗口，关闭窗口的函数调用方法为

```
>>>win.close()
```

2. 图形对象

在 tkinter 模块中，只为画布提供了 Canvas 类，而画布上绘制的各种图形并没有对应的类。因此，画布是对象，而画布的图形并不是对象，不是按面向对象的风格构造的。graphics 模块就是为了改进这一点而设计的。在 graphics 模块中，提供了 GraphWin(图形窗口)、Point(点)、Line(直线)、Circle(圆)、Oval(椭圆)、Rectangle(矩形)、Polygon(多边形)、Text(文本)等类，利用类可以创建相应的图形对象。每个对象都是相应的类的实例，对象都具有自己的属性和方法(操作)。下面介绍各种图形对象的创建方法。

1) 点

graphics 模块提供了 Point 类，用于在窗口中画点。创建点对象的语句格式为

```
p=Point(x 坐标,y 坐标)
```

下面先创建一个 Point 对象，然后调用 Point 对象的方法进行各种操作。例如：

```
>>>from graphics import *
>>>win=GraphWin()
>>>p=Point(100,50)
>>>p.draw(win)
>>>print(p.getX(),p.getY())
100 50
```

```
>>>p.move(20,30)
>>>print(p.getX(),p.getY())
120 80
```

上述第三条语句创建了一个 Point 对象，该点的坐标为(100,50)，变量 p 被赋值为该对象，这时在窗口中并没有显示这个点，因为还需要将这个点在图形窗口中画出来；第四条语句的含义为执行对象 p 的 draw(win)方法，在图形窗口 win 中将点画出来；第五条语句演示了 Point 对象的另两个方法 getX()和 getY()的使用，分别是获得点的横坐标和纵坐标；第六条语句的含义是请求 Point 对象 p 改变位置，即沿水平方向向右移动 20 个像素，沿垂直方向向下移动 30 个像素。

此外，Point 对象还提供以下方法：

(1) p.setFill()：设置点 p 的颜色。

(2) p.setOutline()：设置边框的颜色。对 Point 对象来说，此方法与 setFill()方法没有区别。

(3) p.undraw()：隐藏对象 p，即在图形窗口中使对象 p 不可见。注意，隐藏并非删除，对象 p 仍然存在，随时可以重新执行 draw()。

(4) p.clone()：复制一个与 p 一模一样的对象。

除了用字符串指定颜色之外，graphics 模块还提供了 color_rgb(r,g,b)函数来设置颜色，其中的 r、g、b 参数取 0～255 之间的整数，分别表示红色、绿色、蓝色的数值，color_rgb()函数表示的颜色就是三种颜色混合以后的颜色。例如 color_rgb(255,0,0)表示亮红色，color_rgb(0,255,0)表示亮绿色。

2) 直线

Line 类用于绘制直线。创建直线对象的语句格式为

        line=Line(端点 1,端点 2)

其中，两个端点都是 Point 对象。

和 Point 对象一样，Line 对象也支持 draw()、undrew()、move()、setFill()、setOutline()、clone()等方法。此外，Line 对象还支持 setArrow()方法，用于为直线画箭头，setWidth()方法用于设置直线宽度。

例 7.13 利用直线对象绘制一个正方形。

程序如下：

```
from graphics import *
win=GraphWin("绘制正方形", 260, 200)
p1=Point(50,50);p2=Point(150,50)
p3=Point(150,150);p4=Point(50,150)
l1=Line(p1,p2);l2=Line(p2,p3)
l3=Line(p3,p4);l4=Line(p4,p1)
l1.draw(win);l2.draw(win)
l3.draw(win);l4.draw(win)
```

程序运行结果如图 7-13 所示。

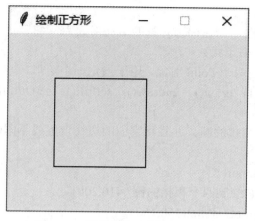

图 7-13　利用直线对象绘制正方形

3) 圆

Circle 类用于绘制圆，创建圆形对象的语句格式为

　　　c=Circle(圆心,半径)

其中，圆心是 Point 对象，半径是一个数值。

Circle 对象同样支持 draw()、undraw()、setFill()、setOutline()、clone()、setWidth()等方法。此外，Circle 对象还支持 c.getRadius()方法，用于获取圆形对象 c 的半径。

例 7.14　绘制多个同心圆。

程序如下：

```
from graphics import *
win=GraphWin("绘制同心圆")
pt=Point(100,100)
for c in range(10,80,5):
cir=Circle(pt,c)
cir.draw(win)
```

程序运行结果如图 7-14 所示。

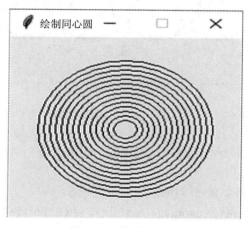

图 7-14　绘制同心圆

4) 椭圆

Oval 类用于绘制椭圆，创建椭圆对象的语句格式为

    o=Oval(左上角,右下角)

其中，左上角和右下角是两个 Point 对象，用于指定一个矩形，再由这个矩形定义一个内接椭圆。椭圆对象同样支持 draw()、undraw()、setFill()、setOutline()、clone()、setWidth()等方法。

例 7-15　绘制四个相扣的圆，并且将它们的边线设置成不同颜色，但边线宽度相同。

程序如下：

```
from graphics import *
win=GraphWin("绘制四个相扣的圆",410,200)
pt1=Point(50,50);pt2=Point(150,150)
o1=Oval(pt1,pt2);o1.draw(win)
o1.setOutline("red");o1.setWidth(6)
o2=o1.clone()        #复制相同的圆对象
o2.draw(win);o2.move(70,0);o2.setOutline("black");o2.setWidth(6)
o3=o2.clone()
o3.draw(win);o3.move(70,0);o3.setOutline("blue");o3.setWidth(6)
o4=o3.clone()
o4.draw(win);o4.move(70,0);o4.setOutline("green");o4.setWidth(6)
```

程序运行结果如图 7-15 所示。

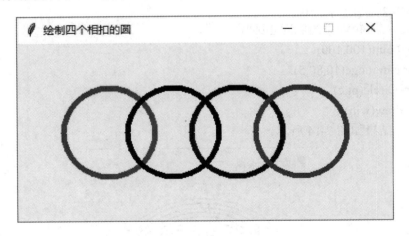

图 7-15　四个相扣的圆

5) 矩形

Rectangle 类用于绘制矩形，创建矩形对象的语句格式为

    r=Rectangle(左上角,右下角)

其中，左上角和右下角是两个 Point 对象，用于指定矩形。

矩形对象同样支持 draw()、undraw()、setFill()、setOutline()、clone()、setWidth()等方法。此外，矩形对象支持的方法还有 r.getP1()、r.getP2()和 r.getCenter()，分别用于获取左上角、

右下角和中心坐标，返回值都是 Point 对象。

例 7.16　绘制如图 7-16 所示的正弦曲线图形。

程序如下：

```
from graphics import *
from math import *
win=GraphWin("绘制正弦曲线",380,260)
x=10
for i in range(0,36):
    pt1=Point(x,-100*sin(x*pi/180)+130)
    pt2=Point(x+10,130)
    r=Rectangle(pt1,pt2)
    r.draw(win); r.setFill("yellow")
    x+=10
```

程序运行结果如图 7-16 所示。

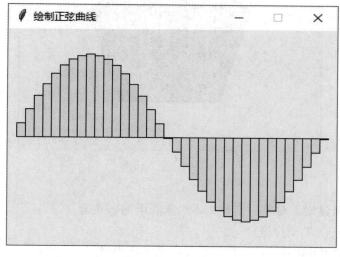

图 7-16　正弦曲线

6) 多边形

Polygon 类用于绘制多边形，创建多边形对象的语句格式为

```
p=Polygon(顶点 1,…,顶点 n)
```

将各顶点用直线相连，即形成多边形。

多边形对象同样支持 draw()、undraw()、setFill()、setOutline()、clone()、setWidth()等方法；此外还支持 poly.getPoints()方法，用于获取多边形的各个顶点坐标。

例 7.17　绘制红色的正五边形。

程序如下：

```
from graphics import *
from math import *
win=GraphWin("绘制正五边形",300,250)
```

```
p1=Point(100,200)
p2=Point(200,200)
p3=Point(200+100*cos(pi*72/180),200-100*sin(pi*72/180))
p4=Point(100+50,200-50/sin(pi*36/180)-50/tan(pi*36/180))
p5=Point(100-100*cos(pi*72/180),200-100*sin(pi*72/180))
p=Polygon(p1,p2,p3,p4,p5)
p.draw(win); p.setFill("red")
```

程序运行结果如图 7-17 所示。

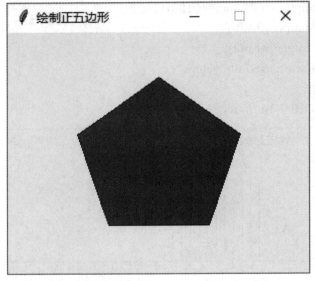

图 7-17　正五边形

7）文本

Text 类用于创建文本对象，创建文本对象的语句格式为

　　　t=Text(中心点,字符串)

其中，中心点是个 Point 对象，字符串是显示的文本内容。

文本对象支持 draw()、undraw()、setFill()、setOutline()、clone()、move()等方法。其中 setFill()、setOutline()方法都是设置文本的颜色。此外，t.setText(新字符串)方法用于改变文本内容；t.getText()方法用于获取文本内容；t.setTextColor()方法用于设置文本颜色，与 setFill 效果相同；setFace()方法用于设置文本字体，可选值有 helvetica、courier、times roman 以及 arial；setSize()方法用于设置字体大小，取值范围为 5～36；setStyle()方法用于设置字体风格，可选值有 normal、bold、italic 以及 bold italic；getAnchor()方法用于返回文本显示中间位置点(锚点)的坐标值。

例 7.18　文本格式示例。

程序如下：

```
from graphics import *
from math import *
```

```
win=GraphWin("文本格式",320,160)
p=Point(160,80)
t=Text(p,"Python Programming")
t.draw(win)
t.setFace("arial")
t.setSize(20)
t.setStyle('bold italic')
```

程序运行结果如图 7-18 所示。

图 7-18　文本格式

习题 7

一、选择题

1. 画布坐标系的坐标原点在主窗口的(　　)。

  A. 左上角　　　　B. 左下角　　　　C. 右上角　　　　D. 右下角

2. 从画布 c 删除图形对象 r，使用的命令是(　　)。

  A. c.pack(r)　　　B. r.pack(c)　　　C. r.delete(c)　　　D. c.delete(r)

3. 从画布 c 中将矩形对象 r 在 x 正方向移动 20 像素，在 y 正方向移动 10 像素，执行的语句是(　　)。

  A. r.move(c,20,10)　　　　　　　B. r.remove(c,10,20)

  C. c.move(r,20,10)　　　　　　　D. c.move(r,10,20)

4. 以下不能表示红色的是(　　)。

  A. red5　　　　　B. #100　　　　C. #ff0000　　　　D. #fff000000

5. 以下不能绘制正方形图形对象的是(　　)。

  A. 矩形　　　　　B. 图像　　　　C. 多边形　　　　D. 线条

6. 语句 c.crate_arc(20,20,100,100,style=PIESLICE 执行后，得到的图形是(　　)。

A. 曲线   B. 弧   C. 扇形   D. 弓形

7. 下列程序运行后，得到的图形是(　　)。

```
from tkinter import *
w=Tk()
c=Canvas(w, bg='white')
c.create_oval(50,50,150,150, fill='red')
c.create_oval (50,150,150,250,fill='red')
c.pack()
w.mainloop()
```

A. 两个相交的大小一样的圆   B. 两个同心圆

C. 两个相切的大小不一样的圆   D. 两个相切的大小一样的圆

8. 下列程序运行后，得到的图形是(　　)。

```
from turtle import*
reset()
up()
goto(100,100)
```

A. 只移动坐标不作图   B. 水平直线

C. 垂直直线   D. 斜线

9. graphics 模块中可以绘制从点(10,20)到点(30,40)直线的语句是(　　)。

A. Line(10,20,30,40)

B. Line((10,20),(30,40))

C. Line(10,30,20,40)

D. Line(Point(10,20),Point(30,40).draw(w)

10. graphics 模块中 color.rgb(250,0,0)表示的颜色是(　　)。

A. 黑色   B. 绿色   C. 红色   D. 蓝色

二、填空题

1. tkinter 图形处理程序包含一个顶层窗口，也称_____或_____。

2. 如果使用"import tkinter"语句导入 tkinter 模块，则创建主窗口对象r的语句是_____。

3. Python 中用于绘制各种图形、标注文本以及放置各种图形用户界面控件的区域称为_____。

4. 将画布对象 a 在主窗口中显现出来，使用的语句是_____。

5. 画布对象用_____方法绘制椭圆或_____，其位置和尺寸通过_____坐标和坐标来定义。

6. turtle 绘图有 3 个属性，分别是_____、_____和_____。

7. 与 graphics 方法 Rectangle 功能等价的 tkinter 画布方法是_____，与 graphics 方法 Point 功能等价的 tkinter 画布方法是_____，与 graphics 方法 Circle 功能等价的 tkinter 画布方法是_____。

8. graphics 模块把 Point、Line 等看成类，利用类可以创建相应的_____，各种图形对象都具有自己的_____和_____。

三、简答题

1. 在 Python 中如何导入 tkinter 模块？
2. 画布对象的坐标是如何确定的？和数学中的坐标系有何不同？
3. 在 Python 中如何表示颜色？
4. 画布对象中有哪些图形对象？如何创建？
5. graphics 模块有哪些图形对象？如何创建？
6. 利用 tkinter 模块、turtle 模块和 graphics 模块绘图各有哪些步骤？

四、编程题

绘制科赫曲线。

自然界存在许多复杂事物和现象，如蜿蜒曲折的海岸线、天空中奇形怪状的云朵、错综生长的灌木、太空中星罗棋布的星球等，还有许多社会现象，如人口的分布、物价的波动等，它们呈现异常复杂且毫无规则的形态，但它们具有自相似性。人们把这些部分与整体以某种方式相似的形体称为分形(fractal)，分形理论便是一门研究分形性质及其应用的学科。科赫曲线是典型的分形曲线，由瑞典数学家科赫(Koch)于 1904 年提出。

科赫曲线的构造过程是：取一条直线段 L0，将其三等分，保留两端的线段，将中间的一段用以该线段为边的等边三角形的另外两边代替，得到曲线 L1，如图 7-19 所示；对 L1 中的 4 条线段都按上述方式修改，得到曲线 L2，如此继续下去进行 n 次修改得到曲线 Ln，当 n→∞时得到一条连续曲线 L，这条曲线 L 就称为科赫曲线，如图 7-20 所示。

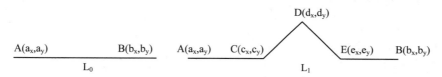

图 7-19 科赫曲线构造过程

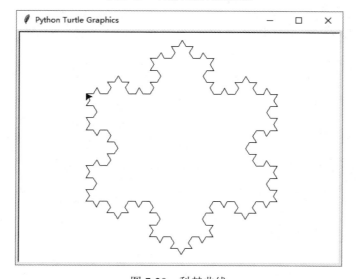

图 7-20 科赫曲线

科赫曲线的构造规则是将每条直线用一条折线替代，通常称这条折线为该分形的生成元，分形的基本特征完全由生成元决定。给定不同的生成元，就可以生成各种不同的分形曲线。分形曲线的构造过程是反复用一个生成元来取代每一直线段，因而图形的每一部分都和它本身的形状相同，这就是自相似性。这是分形最为重要的特点。分形曲线的构造过程也决定了制作该曲线可以用递归方法进行。

附录 A　课程思政育人融入参考表

章　节	思政融入引导	思　政　案　例

第 1 章
Python 语言
概述
	1. 通过 Python 的发展历程，理解工匠精神，培养学生在学习中努力发扬工匠精神。
	2. 通过 Python 语言概述部分，让学生了解我国在软件开发方面的现状及在各专业领域中的应用前景，帮助学生理解科教兴国战略，坚定科技报国的决心，激发学生对社会主义核心价值观的认同感。
	3. 通过编程示例，让学生看到编写代码必须具有规范性、严谨性，培养学生严谨的科学作风
		天天向上的力量：
		`>>>(1+0.01)**365`
		`37.78343433288728`
		`>>> (1-0.01)**365`
		`0.025517964452291125`
		
		通过此案例，对比努力和不努力的结果，每天进步 1%，一年后就进步 38 倍；每天懈怠 1%，一年后就只剩 2% 了。业精于勤，荒于嬉。不负青春、不负韶华、不负时代、自律自强。培养学生养成每天多学、多练习一点的主动学习习惯

第 2 章 Python 语言 基础	1. 标识符的命名规则(没有规矩不成方圆——行为准则教育。告诫学生在上课学习、日常生活、工作中要遵守相应的制度和规定，并用以约束和指导自己的行为，成为合格的社会公民(遵守法律)。 2. 通过程序书写格式、变量命名方法、合理添加注释等编程规范，推及法律规范、社会规则、学校制度、学校纪律(遵守法律、法规)。 3. 输入与输出函数有严格的格式要求，在输入前先输出提示信息，引导学生养成严于律己、宽以待人的处事原则	把社会主义核心价值观"富强、民主、文明、和谐，自由、平等、公正、法治，爱国、敬业、诚信、友善"按每行 3 个词的形式显示到屏幕上。 在学习基础语法的同时，牢记社会主义核心价值观

章节	思政融入引导	思政案例
第3章 Python程序 设计结构	1. 通过编写计算机程序，让学生切身体会到，任何一个小小的疏忽，哪怕是一个标点用错了，整个程序都无法运行或不能得到正确的结果，引导学生无论在日常的学习中，还是以后的工作中，都需要养成认真的态度，细心、严谨的作风。 2. 通过掌握结构化程序的设计方法，感受程序设计在解决日常问题中的作用，逐步养成规范的程序设计习惯。任何事情都有其先后顺序，做事会遇到抉择，成功需要日复一日的坚持，逐渐培养学生持之以恒的精神，激励学生勇于探索世界，增强学生的学习主动性。 3. 引入中国古代经典趣味问题——鸡兔同笼、猴子吃桃、百钱买百鸡等，了解我国人民的智慧，推进文化自信，增强科技自信	1. 勾股定理、海伦公式 2. 鸡兔同笼 3. 猴子吃桃 4. 百钱买百鸡 用勾股定理求解直角三角形边长，用海伦公式求任意三角形面积，引导学生了解世界灿烂的数学文明发展史。通过中国古代经典趣味问题——百钱买百鸡，培养和激发学生积极进取的精神，体会程序设计的惊人力量，开阔计算思维。这些案例可使学生感受到走出传统、关注科技发展的必要性，使学生明白利用先进的手段解决问题，可提高做事效率和创新能力。这些案例，可使学生了解我国人民的智慧之光，推进文化自信自强，增强科技自信
第4章 特征数据 类型	通过Python独特的组合数据类型体会个体与集体的关系。只有每个人都努力发光发热，集体才会爆发出大能量，一个集体的成功，离不开许多人的奉献。培养学生民族团结、民族互助意识，团结一心，共同发展	编程输出杨辉三角形： 1 1 1 1 2 1 1 3 3 1 1 4 6 4 1 杨辉是中国宋代著名的数学家，他整理的杨辉三角形领先法国数学家帕斯卡近400年，这是我国数学史上伟大的成就。通过对杨辉三角形起源的认知，激发学生的爱国热情和民族自豪感，同时也让学生树立坚定的信念，向科学家学习，点点滴滴培养学生的爱国热情和钻研精神

续表二

章节	思政融入引导	思政案例
第 5 章 函数与模块	函数(化繁为简，分而治之)：要完成一项大工程经常需要分而划之，团队协作是走向成功的关键。通过函数的设计和实现，培养学生的工程项目分析能力、组织管理能力，同时加强学生的团队合作能力。通过函数可重复调用的思想，引导学生资源共享、共同发展，培养学生树立科学管理、合理调度的基本思想	计算组合数，体会任务分解、代码复用、资源共享，培养学生树立科学管理、合理调度的基本思想
第 6 章 文件	文件是存储在外存上的相关信息集合。长期保存的数据一定要使用文件保存。读/写文件也是提供数据输入/输出常用的方法之一。通过学习养成数据要及时整理保存、经常维护的习惯。平时储备知识、储备能力，在国家建设中总有用武之地	把 24 字的社会主义核心价值观写入文件，再从文件中读取后输出到屏幕上，既是社会主义核心价值观的学习，也是文件编程的学习
第 7 章 图形绘制	通过图形库中函数的调用，学习基本图形的绘制方法，可以绘制一些代表性的图案，从图案中找到其背后的意义	绘制国旗，培养爱国情怀

附录 B　实　　验

　　学习程序设计，实验教学是一个重要环节，只有通过上机实验，才能熟练掌握 Python 的语法知识，充分理解程序设计的基本思想和方法，加强计算思维能力培养。

　　本附录依据前文内容共设计了 10 个实验。这些实验可和课堂教学紧密配合，在教学中可以根据实际情况选取部分内容作为上机练习。

实验 1　熟悉 Python 语言编程环境

一、实验目的

熟悉 Python 语言的运行环境 IDLE，包括 shell 交互环境和源代码编程环境。

二、实验内容

(1) 启动 Python 语言的 IDLE 运行环境，熟悉编程环境。

(2) 在 shell 交互环境中输入单行指令，执行后可显示字符串"我的第一个 Python 程序"。

(3) 创建程序文件(.py)，输入程序代码，保存并运行程序后，在 shell 中可显示字符串"我的第一个 Python 程序"。

(4) 进一步熟悉编程环境。输入如下语句并运行：

```
a=5
b="1234"
c=a*int(b)%10
print("a=",a,'\t',"b=",b,'\t',"c=",c)
```

(5) 学习系统提供的帮助。在 shell 中，先导入 math 模块，再查看该模块的帮助信息。具体语句如下：

```
>>>import math
>>>dir(math)
>>>help(math)
```

根据语句执行结果，了解 math 模块包含的函数。

实验 2　Python 程序的基本语法

一、实验目的

(1) 熟悉 Python 程序的书写格式和基本规则。

(2) 学习标识符、常量、变量、运算符、表达式、赋值、基本输入/输出、内置函数等的使用。

二、实验内容

(1) 通过在代码编辑窗口中录入如下代码，学习 Python 程序的书写规则。特别要注意缩进规则和关键字的大小写问题。

```python
#获取的第一个表
Head_Tab = 0
head_tab_flag = True
def readCfgFile1_1():
    global LST_1
    f = open(r'.\cfg\Set_pattern.cfg')
    ls1 = []
    ls1_1 = []
    ReGetHead = re.compile('[0-9]*\.1')        #参见 1.1 章节
    for line in f:
        ls1 = ReGetHead.findall(line)
        #print('ls1=',end = ")
        st = ".join(ls1)                #将列表转为字符串，该列表只有一个成员。
                                        转换为字符串后可以计算长度
        #print(".join(ls1))
        #print('len=',end = ")
        #print(len(st))
        if ls1 != []:                   #从 cfg 文件读到内容，经过匹配后不为空
            if len(st) == 3:            #由于 1.1 和 10.1 的长度不一样
                ls1_1 = line[3:len(line)-1].split(" ")       #将字符串转为列表
                #print(ls1_1)
            if len(st) == 4:
                ls1_1 = line[4:len(line)-1].split(" ")         #将字符串转为列表
                #print(ls1_1)

            LST_1=LST_1+ ls1_1
    #print('LST_1 = ',end = ")
    #print(LST_1)
    f.close()
```

(2) 学习基本数据类型。基本数据类型包括：整数、小数、复数、布尔、字符串、转义字符。

在 shell 中输入如下指令，观察运行结果，分析理解原因。

```
>>>2+3
>>>2.0+3
```

```
>>>2>3
>>> "abc"<"bc"
>>> "123"<"20"
>>>1+2j
>>> a="中国"
>>> b="内蒙古"
>>> a+b
>>>print('a\tb\nc\\')
```

(3) 学习变量、常量、运算符、表达式、函数、赋值。

设 a=2，b=3，S="ABCDEFGHI]K"，计算如下表达式的值。

（注：编程时需要把部分表达式改为 Python 合法的表达式。）

① 8*3*6\2;

② 7/6*3.2/2.15*(5.5+3.5);

③ 7>2 or 4<9;

④ 5+(a+b)^2;

⑤ 8e^{3}ln2;

⑥ S[2:6]。

(4) 格式化输出。已知 x=12345.678，分别按如下要求输出 x 的值。

① 设置输出宽度为 10；

② 设置输出宽度为 4；

③ 设置输出宽度为 13，左对齐；

④ 设置输出宽度为 15，右对齐；

⑤ 设置输出宽度为 13，保留 2 位小数；

⑥ s="呼和浩特是一个北方城市"，利用格式化输出语句，输出"呼和浩特"。

(5) 字符串函数练习。

已知：a="abcdeFABb123Ssd"，完成如下操作：

① 把 a 的首字母大写，其余为小写；

② 把 a 中的字母进行大小写互换；

③ 测试"bc"是否在 a 中存在；

④ 把 a 中的"123"换成"999"；

⑤ 用"空格"把 a 分为 abcde FABb 123Ssd 三段。

实验 3   顺序结构程序设计

一、实验目的

(1) 进一步熟悉 Python 程序的书写格式和基本规则。

(2) 掌握赋值语句的使用。

(3) 掌握顺序结构程序设计方法。

二、实验内容

(1) 阅读下列程序，分析输出结果，并上机验证。

```
i,j=3,4
i,j=2*j,i
s=i+j
print("s=",s)
```

(2) 输入自己的出生年、月、日，按下列格式输出自己的出生日期信息。例如输入 1998、12、5，输出我的出生日期是 1998 年 12 月 5 日。

(3) 编写程序，输入一个圆的半径，计算并输出该圆的面积和周长。

(4) 编写程序。利用速度和距离的计算公式，按要求进行计算并显示计算结果。

$$\begin{cases} v_t = v_0 + at \\ s = v_0 t + \dfrac{1}{2}at^2 \end{cases}$$

已知：$a=1.5$ 米/秒^2，程序运行时，输入初速度 v_0 和时间 t，计算出末速度 v_t 和距离 s 的值。要求在显示结果时带上单位。速度单位是米/秒，距离单位是米。

(5) 编写程序，输入一个正实数，分别输出它的整数部分和小数部分。

(6) 编写程序，输入三个数，计算其平均值，保留 1 位小数。

(7) 编写程序，输入一个三位的正整数，计算其每一位的平方和。

实验 4　选择结构程序设计

一、实验目的

(1) 掌握单分支结构程序设计方法。

(2) 掌握双分支结构程序设计方法。

(3) 掌握多分支结构程序设计方法。

二、实验内容

(1) 分析下面程序段的运算结果，并上机验证。

① 下面程序段运行后 y 结果是多少？

```
x=3
if x**2>8:
        y=x**2+1
if x**2==9:
        y=x**2-2
if x**2<8:
        y=x**3
print("y=",y)
```

② 若整型变量 a 的值为 2，b 的值为 3，则下列程序段执行后整型变量 c 的值为多少？

```
a=2
```

```
b=3
if a>5:
        if b<4:
                c=a-b
        else:
                c=b-a
elif b>3:
        c=a*b
else:
        c=a % b
print("c=",c)
```

(2) 程序填空。

① 输入一个年份，判断它是否为闰年，并显示是否为闰年的有关信息。判断闰年的条件是年份能被 4 整除但不能被 100 整除，或能被 400 整除。

```
y=eval(input("输入年份："))
if_____:
        print("%d 是闰年"%y)
else:
        print("%d 是平年"%y)
```

② 输入三角形的三边 x、y、z 的值，根据其数值，判断这三边能否构成三角形。若能，还要显示三角形的性质：等边三角形、等腰三角形、直角三角形、普通三角形。

```
import math
x=eval(input("input x="))
y=eval(input("input y="))
z=eval(input("input z="))
if_____:
        print("能构成三角形")
        if_____:
                print("是等边三角形")
        elif_____:
                print("是等腰三角形")
        elif math.sqrt(x*x+y*y)==z or math.sqrt(y*y+z*z)==x or math.sqrt(x*x+z*z)==y:
                print("是直角三角形")
        else:
                print("普通三角形")
    else:
        print("不能构成三角形")
```

(3) 编写程序。

① 输入一个整数，判断其是否为正数、负数或零。

② 输入一个学生的高等数学、专业课、外语、哲学、体育五门课的考试成绩，判断其是否为优秀。优秀的条件为：该五门课成绩总分超过 450 分或每门课程在 88 分以上或每门主课(前三门)的成绩都在 95 分以上，其他课程在 80 分以上。

③ 输入整数 x,y,z，若 $x^2+y^2+z^2$ 大于 1000，则输出 $x^2+y^2+z^2$ 千位以上的数字，否则输出 x+y+z 的值。

实验 5　循环结构程序设计

一、实验目的

(1) 掌握 while 循环结构程序设计方法。

(2) 掌握 for 循环结构程序设计方法。

(3) 掌握多重循环结构程序设计方法。

二、实验内容

(1) 分析下面程序段的运算结果，并上机验证。

① 以下程序运行后，x、y 的值分别是什么？

```
x = 1
y = 2
while y < 4:
    x = x * y
    y = y + 1
print("x=",x)
print("y=",y)
```

② 以下程序运行后，每一个 input 函数只输入一个数字并回车，问依次输入 5、4、3、2、1、–1，则 a 的结果是什么？

```
c = 0
while c != -1:
    a = eval(input("a="))
    b = eval(input("b="))
    c = eval(input("c="))
    a = a + b + c
print("a=",a)
```

③ 以下程序运行后，s 的值是什么？

```
s = 0
for i in range(1,5):
    for j in range(5,1,-1):
        s = i * j
print("s=",s)
```

④ 以下程序运行后，输出结果是什么？

```
import math
n=0
for m in range(101,201,2):
        k=int(math.sqrt(m))
        for i in range(2,k+2):
                if m%i==0:break
        if i==k+1:
                if n%10==0:print()
                print(m,end=" ")
                n+=1
```

⑤ 分析下面程序段的运算结果。

```
n=int(input("输入行数："))
for i in range(n,0,-1):
        print(" ".rjust(20-i),end=" ")
        for j in range(2*i-1): print("*",end="")
        print("\n")
for i in range(1,n):
        print(" ".rjust(19-i),end=" ")
        for j in range(2*i+1):print("*",end="")
        print("\n")
```

⑥ 分析下面程序段的运算结果。

```
n=int(input("输入行数："))
for i in range(0,n):
        print(" ".rjust(19-i),end=" ")
        for j in range(2*i+1): print("*",end="")
        print("\n")
for i in range(n-1,0,-1):
        print(" ".rjust(20-i),end=" ")
        for j in range(2*i-1):print("*",end="")
        print("\n")
```

(2) 程序填空。

① 要求下面代码段中的循环体执行 3 次。

```
x = 1
while_____:
    x = x + 2
    print(x,end=" ")
```

② 找出被 3、5、7 除，且余数为 1 的最小的 5 个正整数。

```
countn=0
n=1
```

```
while_____:
        n=n+1
        if_____:
                print(n,end=",")
                countn=countn+1
```

③ 某次大奖赛，有 7 个评委打分，以下程序是针对一名参赛者，输入 7 个评委的打分分数，去掉一个最高分、一个最低分，求出平均分，作为该参赛者的得分。

```
aver=0
for i in range(1,8):
        mark=eval(input("输入第" + str(i) + "位评委的打分"))
        if i==1:
                _____; min1=mark
        else:
                if _____:    min1=mark
                elif mark>max1: max1=mark


aver= _____
print("选手的得分为： ",aver)
```

④ 以下程序产生 20 个随机的 10～100 之间的整数，找出其中的奇数，并将其以每行 4 个数显示。

```
import random
k=0
for    i in range(1,21):
        x = _____
        if_____:
                print(x,end=" ")
                k = k + 1
                if _____: print()
```

(3) 编写程序。

① 按公式求和，　$s = \dfrac{1}{2} + \dfrac{1}{4} + \dfrac{1}{8} + \dfrac{1}{2^n}$。要求单个数据项 $\dfrac{1}{2^n}$ 精确到 10^{-6}。

② 求满足如下条件的 3 位正整数：它除以 9 的商等于它各位数字的平方和。例如 224，它除以 9 的商为 24，而 $2^2 + 2^2 + 4^2 = 24$。

③ 编程计算 [1, 100] 间有奇数个不同因子的整数共多少个？其中最大的一个是什么数？

④ 编程输出如下图形：

```
1
121
```

12321

1234321

123454321

再将程序进行修改，把输出的形状由直角三角形改为等腰三角形。

⑤ 输入一个英文句子，将其中的小写字母转换成大写字母后输出。

实验 6 列表与元组

一、实验目的

(1) 掌握列表的使用方法。

(2) 掌握元组的使用方法。

(3) 会用列表和元组设计程序。

二、实验内容

(1) 分析下面程序段的运算结果，并上机验证。

①
```
s1=[1,2,3,4]
s2=[5,6,7]
print(len(s1+s2))
```

②
```
s=[1,2,3,4,5,6]
s[:1]=[]
s[:2]='a'
s[2:]='b'
s[2:3]=['x','y']
del s[:1]
print(s)
```

③
```
s=['a','b']
s.append([1,2])
s.extend([5,6])
s.insert(10,8)
s.pop()
s.remove('b')
s[3:]=[]
s.reverse()
print(s)
```

④
```
week=['Mon','Tue','Wed','Thu','Fri','Sat','Sun']
```

```
mouth=['1','2','3','4','5','6','7','8','9','10','11','12']
print("WEEKS:%s,MONTHS %s"%(week,mouth))
```

⑤
```
n1=['物理','数学','化学','生物']
n2=n1;n3=n1[:]
n2[0]='语文';n3[1]='英语'
sum=0
for ls in (n1,n2,n3):
        if ls[0]=='语文':sum+=1
        if ls[1]=='英语':sum+=2
print(sum)
```

(2) 程序填空。

① 下面程序功能是在列表中查找最大值和最小值，请把程序补充完整。
```
list1=[1,3,5,0,76,4,99,55,66]
pos=0
_____ =list1[0]
while pos<len(list1):
        if list1[pos]>imax:
                imax=_____
        if list1[pos]<imin:
                imin=_____
        pos=_____
print("最大值= ",imax)
print("最小值= ",imin)
```

② 下面是实现选择排序算法的程序代码，请把程序补充完整。
```
list1=[1,3,5,0,76,4,99,55,66]
print("排序前= ",list1)
for i in range(0,_____):
        m=i
        for j in range(_____,len(list1)):
                if list1[j]<list1[m]:
_____
        list1[i],list1[m]=list1[m],list1[i]
print("排序后= ",list1)
```

(3) 编写程序。

① 将列表的元素按逆序重新存放。

② 将列表中的偶数变成其平方值，奇数保持不变。

③ 删除一个列表中的重复元素。

④ 生成包含 100 个 100 以内的随机正整数的元组，统计每个数出现的次数。

⑤ 输入 5×5 的矩阵 **a**，要求输出矩阵 **a**，并将第 2 行和第 5 行元素对调后，再重新输出 **a**。

实验 7　字典与集合

一、实验目的

(1) 掌握字典的使用方法。

(2) 掌握集合的使用方法。

(3) 会用字典和集合设计程序。

二、实验内容

(1) 分析下面程序段的运算结果，并上机验证。

① 已知字典 d={'name':'alex','sex':'man'}，写出 d.keys()、d.values()、d.items()在 shell 中的运行结果。

②
```
set1={x*2 for x in range(1,6)}
set2={x for x in range(1,6)}
print(set1)
print(set2)
print(set1 & set2)
print(set1 | set2)
print(set1 - set2)
print(set1 ^ set2)
```

③
```
d={};d[1]=1;d['1']=3;d[1]+=2;sum=0
for k in d:sum+=d[k]
print(d)
```

④
```
n={};n[(1,2,3)]=1
n[(2,1)]=2;n[(1,2)]=3;s=0
for k in n:s=s+n[k]
print(len(n),' ',s,' ',n)
```

(2) 程序填空。

输入两个数字，并输入加减乘除运算符，输出运算结果。若输入其他符号则退出程序。
```
while True:
    a=float(input("输入第一个数："))
    b=float(input("输入第二个数："))
    t=input("输入运算符，若输入其他符号则退出程序")
```

```
tup={'+','-','*','/'}
if t not in _____:
        break
dic={'+':            ,'-':a-b,'*':a*b,          :a/b}
print('%s%s%s=%0.1f'%(a,t,b,                ))
```

(3) 编写程序。

① 创建由星期一到星期日的 7 个值组成的字典，输出键列表、值列表和键值对列表。

② 输入 10 名学生的姓名和成绩，输出其最高分和最低分。要求使用字典存放学生的姓名和成绩。

③ 随机产生 10 个[0，10]范围的整数，分别组成集合 A 和集合 B。输出集合 A、集合 B 的内容、长度以及它们的并集、交集和差集。

实验 8　函　　　数

一、实验目的

(1) 掌握函数的定义和调用方法。

(2) 掌握函数的参数传递方法。

(3) 理解递归调用函数的方法。

二、实验内容

(1) 分析下面程序段的运算结果，并上机验证。

①
```
def f():pass
print(type(f()))
```

②
```
def f(a,b):
        a=4
        return a+b
def main():
        a=5
        b=6
        print(f(a,b),a+b)
main()
```

③
```
c=1
n=0
def test():
        global c
        for i in (1,2,3):c+=1
```

```
            n=10
        test()
        print(c,n)
④
        x=10
        def f():
            x=0
            print(x)
        print(x)
        f()
```

(2) 程序填空。

下面的程序是输入两个数，并将它们从小到大排序输出。请补充程序。

```
        def sort2(a,b):
            if a>b:
                return  _____
            else:
                return  _____
        def main():
            x,y=eval(input("输入两个数： "))
            _____=sort2(x,y)
            print ("排序后结果： ",x, ",",y)
        main()
```

(3) 编写程序。

① 编写一个计算 n! 的函数 f。在主调函数中输入 n 值，调用函数 f，计算 n!，并显示计算结果。

② 定义一个函数，它返回整数 n 从右边开始的第 k 个数字。

③ 用递归方法计算斐波那契数列的前 20 项数据。斐波那契数列是 0，1，1，2，3，5，8，13，21，34，…。

实验 9 文 件

一、实验目的

(1) 理解文件的概念。

(2) 掌握文件操作基本方法。

二、实验内容

(1) 分析下面程序段的运算结果，并上机验证。

①

```
        f=open("a.dat","w")
```

```
        for i in range(10):
                f.write(str(i))
        f.close()
        f=open("a.dat","r")
        s=list(f.read())
        f.close()
        t=0
        for i in s:
                t+=int(i)
        print(t)
②
        s=0
        f=open("a.dat","w+")
        for i in range(1,10):
                f.write(str(i))
        f.seek(0)
        ls=f.read()
        f.close()
        for i in ls:
                s+=int(i) if int(i)%2 else 0
        print(s)
③  下面程序的功能是什么？
        f1=open("t.txt","r")
        l1=f1.readlines()
        for x in l1:
                print(x)
        f1.close()
```

(2) 程序填空。

① 有一个文本文件 t.txt，其内容包含英文大小写字母，请将该文件复制到另外的文件
tt.txt 中，并将 tt.txt 中的小写字母变成大写字母，其余不变。请补充程序。

```
        f1=open("t.txt",_____)
        l1=f1.readlines()
        f2=open("tt.txt",_____)
        for line in l1:
                _____((line.upper()))
        f1.close()
        f2.close()
```

(3) 编写程序。

① 假设文件 num.txt 中存放了一组整数，统计文件中正数、零、负数的个数，并输出

统计结果。(注：可以先用记事本程序创建 num.txt 文件，并输入一些数据。)

② 先产生 100 个两位正的随机整数，将它们存入文件 d:\num1.txt 中，然后从文件 d:\num1.txt 中读取数据到一个列表中并按照从小到大的顺序排序后输出，最后将排序结果写入文件 d:\num2.txt 中。

实验 10　绘　　图

一、实验目的

(1) 掌握画布绘图方法。

(2) 会使用 turtle 和 graphics 模块绘图。

二、实验内容

(1) 分析下面程序段的运算结果，并上机验证。

```python
from tkinter import *
w=Tk()
c=Canvas(w,bg="white",width=300,height=270)
c.pack()
c.create_oval(10,10,60,60,fill="red")
c.create_rectangle(80,10,100,160,outline="blue")
```

(2) 观察下面程序的运行结果，分析程序中各语句的作用。

```python
from turtle import *
color("blue")
pensize(5)
speed(10)
for i in range(4):
        forward(100)
        right(90)
```

(3) 编写程序。

① 设计一个奥运五环。

② 绘制一个圆，将圆三等分，每等分使用不同的颜色填充。

附录 C　各章习题参考答案

■ **习题 1**

一、选择题

1. C　　2. B　　3. D　　4.D　　5.C

二、填空题

1. 对象　　2. 跨平台　　3. quit() Ctrl+Q　4. F5　　5. #　　6. help() quit

三、思考题

略

■ **习题 2**

1. B　　2. B　　3. C　　4. B　　5. C　　6. B　　7. C　　8. D

9. C　　10. D　　11. A　　12. D　　13. A　　14. A　　15. C　　16. A

17. B　　18. D

二、填空题

1. #　　2. \　　3. 整型、浮点型、复数、字符串、布尔值、空值 (任选 4 个)

4. n％2＝1　5. ; \　　6. 指向　引用　　7. x=x/(x*y+z)

8. "45"　9. len(s)-1　　10. "d"　"de"　"abcde"　　"defg"　"aceg"　"gfedcba"

11. 1　　12. False　　13. ['A', 'A', 'A']

14. 'RED HAT'　'RED HAT'　'Red Hat'　'red cat'

15. ['a', 'b', 'c']　['a,b', 'c']　('a', ',', 'b,c')　('a,b', ',', 'c')　'a:b:c'　'x:y:z'

三、简述题

略

四、实践题

略

■ **习题 3**

一、选择题

1. A　　2. B　　3. A　　4. B　　5. D　　6. C

7. C　　8. C　　9. D　　10. A　　11. A

二、填空题

1. True　2. 50　　3. break　　4. 1 6 11 16　　　　5. 10 8 6 4 2　　　6. 6

7. 33 或 34　　8. 1　　1　　9. 2

三、编程题

略

■ 习题4

一、选择题

1. D　　2. B　　3. C　　4. B　　5. C　　6. A　　7. A

8. B　　9. A　　10. B　　11. C　　12. D　　13. C　　14. C　　15. A

16. C　　17. B　　18. C　　19. B　　20. C　　21. B　　22. B　　23. C

24. D　　25. B　　26. C　　27. A　　28. C　　29. A　　30. B

二、填空题

1. 索引　0　[]　　2. a.insert(len(a),x)　　3. [3, 4]　[1, 2]　9　[9, 8, 7, 6, 5, 4, 3, 2, 1]

4. [1, 3]　[0, 1, 4]　　5. [1, 2, 3, 4]　　2.5　　6. r　0　False

7. 7　　8. [4, 'x', 'y']　　9. {}　关键字　值　关键字

10. 非序列类型　可修改　不可修改　set()　frozenset()　　11. 'banana'

12. 0　　13. 10　　14. {3, 4}　{1, 2, 3, 4, 5}　{1, 2}

15. {1, 2, 3, 5}　{2, 3, 5}　{1}　　16. 2　　17. 6　　18. 9

三、编程题

略

■ 习题5

一、选择题

1. D　　2. B　　3. D　　4. D　　5. D　　6. A　　7. D

8. A　　9. C　　10. D　　11. B　　12. A

二、填空题

1. def　: 2. global　　3. 40　　4. {5: 10}　　5. import

6. from m import *　　7. __name__　　__main__　　8. from a import *

三、编程题

略

■ 习题6

一、选择题

1. A　　2. C　　3. C　　4. B　　5. D

二、填空题

1. 文本　二进制　文本　二进制　　2. read()　readline()　readlines()

3. read()　write()　　4. 文件开始　当前位置　文件末尾　　5. os

三、问答题

略

四、编程题

略

■ 习题 7

一、选择题

1. A　　　2. D　　　3. C　　　4. A　　　5. B

6. C　　　7. D　　　8. A　　　9. B　　　10. C

二、填空题

1. 主窗口　根窗口　　　　　2. r=Tk()　　　3. 画布　　　　4. a.pack()

5. create_oval()　圆　外接矩形的左上角　右下角　6. 位置　方向　画笔

7. create_rectangle()　create_rectangle()　create_oval()

8. 图形对象　属性　方法

三、简答题

略

四、编程题

略

参 考 文 献

[1] Python Software Foundation.Python v3.6.5 documentation,http://Python.org/.

[2] Python tutorial Documentation Release 3.4，http://Python.org/.

[3] http://www.cnblogs.com/taowen/articles/11239.aspx.

[4] 刘卫国. Python 语言程序设计. 北京：电子工业出版社，2016.

[5] 杨年华，柳青，郑戟明. Python 程序设计教程. 北京：清华大学出版社，2019

[6] 嵩天，黄天羽，礼欣. 程序设计基础(Python 语言). 北京：高等教育出版社，2017.

[7] 刘浪. Python 基础教程. 北京：人民邮电出版社，2015.